800种
多肉植物原色图鉴

〔日〕羽兼直行　监修　　　谭尔玉　译

河南科学技术出版社

· 郑州 ·

可爱的多肉植物

体内蓄积了大量水分，

叶或茎厚厚的、肥肥的，这就是多肉植物。

有的有透明的叶窗，有的有锐利的刺，

有的覆盖着白色的毛……

千姿百态，可爱而又魅力无穷。

很多种类只用一个小小的花盆就能栽种，

在窗边特意辟出一块区域开心地养上二三十种也非常不错。

望着窗边摆放的那些小小的盆栽，

仿佛可以忘却时光的流逝。

世界各地分布着15 000种以上的多肉植物，

通过杂交等方式培育出的栽培品种也有很多，

单是在市面上广泛流通的就有数千种。

本书精选出约800种多肉植物加以介绍，

即使是时常不在家的忙碌的人，也很适合栽培它们。

窗边、阳台或桌子上，小小的空间无限的情趣，

请好好地享受可爱的多肉植物吧。

多肉植物的魅力

· 01

个性的外形

拥有好像蕴藏着某种寓意的独特外形，作为家居景观绿植最合适不过。

· 02

多彩的颜色

随着季节变化叶片的颜色也发生改变。有的还拥有很独特的透明叶片。

· 03

美丽的花朵

能开出鲜艳花朵的种类有很多，给四季增添了美丽的色彩。

· 04

丰富的种类

种类很是丰富，收集自己喜欢的种类会很有乐趣。

· 05

组合混栽快乐多

种类丰富又容易栽培，可以把各式各样的多肉植物组合混栽在一起。

· 06

小空间大乐趣

选对种类的话，1 m×1 m的空间就可以栽种100多种多肉植物。

CONTENTS
目录

PART 1
单子叶类 9

PART 2
仙人掌科 57

PART 3

番杏科　89

PART 4

景天科　125

PART 5

大戟科　209

本书使用指南

●多肉植物的排序

为了将相似种类的多肉植物更加直观地区分开来，本书将数量庞大的多肉植物按照科、属进行划分并加以介绍。在PART 1至PART 5中，依序对单子叶类、仙人掌科、番杏科、景天科、大戟科的多肉植物进行介绍。这些类别之外的多肉植物在PART 6"其他多肉植物"中进行介绍。同一科中，一般按照属名的英文字母顺序进行排列。同一属有多个种的情况下，一般按照种小名（种加词）的英文字母顺序进行排列，杂交品种之类的则排在后面。也有不按照英文字母顺序进行排列的特殊情况。另外，科名等以采用最新分子生物学成果的APG（被子植物种系发生学组）系统为依据。

●栽培指南

各个属，首先解说该属的特征，之后再逐一介绍该属的种。科或属在分类上位置相近的种类会整理类群名称；科名或属名相同的种有系统性的近缘关系，特性和栽培方法也会较为相似，所以不仅知道流通名（俗名），同时了解科名和属名，栽培才会更加轻松。另外，附图介绍的多肉植物，会同时列出流通名和学名，并介绍其特性。

●信息（DAIA）

科　名　所属科名。

原产地　主要原生分布区域。

生长型　主要生长季节类型。

浇　水　根据季节选择合适的浇水次数。

根　部　根部类型。

难易度　栽培的难易程度。★越少代表越简单，越多则越困难。

—— PART 1 ——

单子叶类

　　以前被归类于百合科的阿福花亚科和天门冬科，以及凤梨科等的多肉植物，都属于单子叶植物。常见的芦荟属、龙舌兰属，以及因其透明的叶窗而大受欢迎的十二卷属，还有别名为"空气草""空气凤梨"的凤梨科，都是这类植物的代表，其分布遍及世界各地。

芦荟属
Aloe

DATA

科　　名	阿福花亚科（百合科）
原 产 地	南非、马达加斯加、阿拉伯半岛等
生 长 型	夏型
浇　　水	春季至秋季2周1次，冬季1个月1次
根　　部	粗根型
难 易 度	★☆☆☆☆

　　是在南非、马达加斯加、阿拉伯半岛等地分布有超过500个已知种的大属。从叶片如莲座般生长的种类，到茎部会木质化、可长成如树般高度超过10 m的种类，可谓十分丰富。

　　在日本有"不求医"别名的"木立芦荟"，以及可食用的"库拉索芦荟"是最为有名的，强健且耐寒，可在庭院栽培。以趣味欣赏为目的栽培的则以"不夜城"（*Aloe perfoliata*）之类的小型种为主，还有很多叶片十分好看

的其他种类。还有一些种类会开出红、黄、白等颜色的美丽花朵。

　　除了个别不太好养的种类，大部分都很容易栽培。生长期在春季至秋季。即使在夏季，也能因耐热而健康成长。若日照不足会导致徒长，所以要给予充足的日照。虽说有些种类冬季在室外也能生存，但在日本关东以北地区还是移到室内更加稳妥。栽培困难的种类，若能使用与原生地土质相近、含石灰质的土壤，那么培育起来就容易多了。

▌木立芦荟
Aloe arborescens

很早之前就被作为药草普遍使用，对蚊虫叮咬和烧伤烫伤有一定疗效。在日本有"不求医"的别名。在日本关东以西地区可以在室外栽培。图中这株高约50 cm。

▌狮子锦
Aloe bromii

长有锐利的红色尖刺，可长成灌木状，属于中型芦荟。图中这株宽约30 cm。

皱鳞扁芦荟
Aloe compressa var. *rugosquamosa*

幼苗期叶片互生排列，是很独特的一种芦荟。

三隅锦 / 三角齿芦荟
Aloe deltoideodonta

"三隅锦"有很多变种或杂交品种，图中这株是其中品相优秀的一种。一般宽约15 cm。

第可芦荟
Aloe descoingsii

原产于马达加斯加的小型芦荟代表种。几乎没有茎部，会长成外形好看的群生株。春季会开出深红色的花朵。冬季环境温度若在0℃以上就能生存。一般宽约6 cm。

神章锦
Aloe krapohliana

颇具人气的会长成灌木状的小型种。因为生长缓慢、株型紧凑而较受欢迎。图中这株宽约15 cm。

石玉扇
Aloe lineata

图中这株还是幼苗，叶片互生排列。成株可长到1 m
以上，叶片回旋排列，是很好玩的一种芦荟。图中这
株宽约20 cm。

柏加芦荟 / 红火棒
Aloe peglerae

无茎的中型种。图中这株还是幼苗，成株的叶片会
向内卷，形状会更好看。图中这株宽约20 cm。

女王锦 / 小芦荟
Aloe parvula

原产于马达加斯加的颇具人气的小型芦荟。因微泛
紫色的叶片与十二卷属相像而备受青睐。比较不耐
暑热，养护略有难度，所以更需小心照顾。一般宽
约6 cm。

巨箭筒芦荟 / 皮尔兰斯芦荟
Aloe pillansii

与大型的"二歧芦荟"(*Aloe dichotoma*)很像，宽
大的叶片和粗壮的茎使其颇具魅力。在日本有人培
育出了高2 m以上的成株。图中这株高约70 cm。

折扇芦荟/乙姬舞扇
Aloe plicatilis

在日本，种植20年左右的成株可长到2 m高。叶片终生互生排列，枝干生长良好，是可以长成外形好看的成株的强健种。图中这株高约1 m。

多叶芦荟
Aloe polyphylla

本属于比较难养的种，但随着栽培技术的进步，也逐渐开始普及。长大后叶片会呈好看的螺旋状排列。由于是高山性植物，故不耐暑热。一般宽约20 cm。

多杈芦荟/少女箭筒芦荟
Aloe ramosissima

与"二歧芦荟"相似，但因株型较小，早早地就会冒出枝条，长成外形好看的成株。图中这株高约50 cm。

白斑芦荟·白狐
Aloe rauhii 'White Fox'

"白斑芦荟"属于小型无茎的芦荟，有很多变种和杂交品种。图中是有着十分美丽的密集白色斑点的类型。春季至秋季可置于日照充足的室外，冬季则需移至室内管理。一般宽约10 cm。

素芳锦
Aloe sladeniana

叶片长得像枪头的独特的芦荟。由于栽培稍有难度，所以算是不太常见的稀少种。图中这株宽约10 cm。

索马里芦荟
Aloe somaliensis

硬质叶片有光泽感，长有尖锐的刺，因此需格外小心。生长缓慢，茎部很短，株型低矮，是外形美丽的名品。图中这株宽约20 cm。

千代田锦 / 什锦芦荟 / 翠花掌
Aloe variegata

好看的天然斑点非常有吸引力。可自然长成群生株。与"素芳锦"比较像，但更容易栽培，所以很普及。图中这株宽约15 cm。

维格芦荟（小型）
Aloe viguieri

原产于马达加斯加的小型芦荟。图中这株是"维格芦荟"的侏儒类型，宽约20 cm。

库拉索芦荟
Aloe vera

被广泛应用于化妆品中,叶片还被当作健康食品在超市销售。进行交配很难得到种子,多采用分株或扦插的方法进行繁殖。图中这株高约50 cm。

沃格特芦荟
Aloe vogtsii

深绿色的叶片上长有白色的斑点,十分美丽。属于叶片稍硬的硬叶系芦荟。图中这株宽约20 cm。也被命名为*Aloe swynnertonii*(斯温纳顿芦荟)。

德古拉之血
Aloe 'Dracula's Blood'

很多种芦荟都是由"白斑芦荟"杂交而来的,这个品种是由美国的Kelly Griffin(凯利·格里芬)杂交培育的。图中这株宽约15 cm。

绿沙滩芦荟
Aloe 'Vito'

这也是由"白斑芦荟"杂交而得的品种。这些同类的芦荟长得都很相似,所以最好不要把标签去掉。图中这株宽约20 cm。

松塔掌属
Astroloba

DATA

科　　名	阿福花亚科（百合科）
原 产 地	南非
生 长 型	春秋型
浇　　水	春季和秋季1周1次，夏季和冬季3周1次
根　　部	粗根型
难 易 度	★★☆☆☆

　　原产于南非，约有15个原始种。与十二卷属的硬叶系种类很相似，特征是都具有小型塔状外形。生长期是春季和秋季，在属于休眠期的夏季和冬季要控制浇水量。与十二卷属一样，栽培时要注意避免强烈的阳光直射。夏季要置于通风良好的背阴处，管理的重点是保持适度干燥。

毕卡丽娜塔
Astroloba bicarinata

叶片较硬，生长缓慢，看起来很不起眼，却是容易照料的强健株。长成之后植株基部会长出子株，将其分株即可繁殖。

孔尖塔 / 聚叶塔
Astroloba congesta

会长出许多三角形的前端尖锐的叶片，并呈柱状向上延伸。夏季需遮光管理，冬季则需要充足的日照。非常耐旱，所以要控制浇水量。

白亚塔
Astroloba hallii

拥有悠久的栽培历史。在松塔掌属中是富有个性且美丽的稀少种。

须尾草属
Bulbine

DATA

科　　名	阿福花亚科（百合科）
原 产 地	南非、澳大利亚东部
生 长 型	冬型
浇　　水	秋季至春季2周1次，夏季断水
根　　部	细根型
难 易 度	★★★★☆

　　该属原产于南非和澳大利亚东部，目前约有30个已知种。作为多肉植物栽培的，常见的只有这里介绍的"玉翡翠"，还有一种叫"玉露须尾草"（*Bulbine haworthioides*），但不太为人所知。另外还有作为盆栽花和花坛花栽培，在日本被称为"花芦荟"的"灌木须尾草"（*Bulbine frutescens*）。

玉翡翠 / 佛座箍
Bulbine mesembryanthoides

柔软透明的叶片是其魅力所在，由于和番杏科植物长得很像，所以就有了这个种小名。白色的小花，如满天星般绽放。图中这株宽约3 cm。

元宝掌属
Gasteraloe

DATA

科　　名	阿福花亚科（百合科）
原 产 地	杂交而得
生 长 型	夏型
浇　　水	春季至秋季1周1次，冬季3周1次
根　　部	粗根型
难 易 度	★☆☆☆☆

　　由鲨鱼掌属（*Gasteria*）和芦荟属（*Aloe*）人工杂交而得，因而被称为"元宝掌属"（*Gasteraloe*），部分种类已作为栽培品种培植。元宝掌属植物能长成漂亮的群生株，开的花与芦荟属相似。该属大部分种类都十分强健，可以在恶劣环境中生长。另外还有由鲨鱼掌属和十二卷属（*Haworthia*）杂交而得的*Gasterhaworthia*属（中文名未命名）。

绿冰
Gasteraloe 'Green Ice'

元宝掌属具代表性的品种，叶片上有天然的覆轮斑，相当美丽。图中这株宽约15 cm。

鲨鱼掌属
Gasteria

DATA

科　　名	阿福花亚科（百合科）
原 产 地	南非
生 长 型	夏型
浇　　水	春季至秋季1周1次，冬季3周1次
根　　部	粗根型
难 易 度	★☆☆☆☆

　　鲨鱼掌属以南非为主产区，其中有80多个种较为人熟知，特征是肥厚的硬质叶片互生排列或呈放射状生长。其中又分为叶面粗糙的"卧牛"系列，以及如"恐龙"般叶面光滑的系列两大类。日本很早之前就开始栽培"卧牛"，通过杂交进行品种改良，目前已培育出很多品种。

　　虽说基本是夏型，但也有不耐暑热的属于春秋型的种类。另外，也有很多一整年都生长良好、适应力极强的强健的种类。栽培方法基本上与十二卷属近似，在日照较弱、盆土不过于干燥的情况下会生长良好。

　　春季至秋季是生长期。夏季要防暑热，需置于遮光率50%以上、通风良好的地方进行管理。冬季为防寒冻需移至室内，环境温度尽量不要低于5℃。春季至秋季的生长期中，适度浇水，保持盆土不过于干燥的状态。

▌卧牛
Gasteria armstrongii

鲨鱼掌属的代表种，叶片如同牛舌般肥厚且叶面粗糙，向两边交互生长。阳光直射易导致叶片晒伤，需格外小心。图中这株宽约10 cm。

▌白雪卧牛
Gasteria armstrongii 'Snow White'

"卧牛"系列有很多不同类型，可尽情享受收藏的乐趣。图中是有白色斑点的"白雪卧牛"。一般宽约10 cm。

圣牛锦
Gasteria beckeri f. variegata

鲨鱼掌属的大型种，深绿色叶面衬托着黄色斑纹，显得十分美丽。图中这株宽约20 cm。

小龟姬 / 墨牟
Gasteria obliqua

鲨鱼掌属的小型种，会不断长出子株形成群生。图中这株宽约10 cm。在日本被称为"子龟姬"。

恐龙锦
Gasteria pillansii f. variegata

互生排列的叶片上带着黄色斑纹，很有人气。叶面与"卧牛"相比更光滑。图中这株比较大型的宽约15 cm。

象牙子宝
Gasteria 'Zouge Kodakara'

带有白色或黄色的斑纹，正和名字一样，会生出许多子株。母株本身不会长大。图中这株宽约10 cm。栽培时应避免阳光直射。

十二卷属（软叶系）
Haworthia

DATA

科 名	阿福花亚科（百合科）
原 产 地	南非
生 长 型	春秋型
浇 水	春季和秋季1周1次，夏季2周1次，冬季1个月1次
根 部	粗根型
难 易 度	★☆☆☆☆

　　十二卷属植物原产于南非，约有200个原始种，属于小型多肉植物。其中包含了带有透明叶窗的、叶片为硬质的等各式各样的种类，这里分为软叶系、硬叶系、万象、玉扇四大类进行介绍。

　　软叶系以带有透明叶窗的"姬玉露"等为代表，近年来人们挑选品相优秀者进行杂交，已培育出许多杂交品种。日本也已培育出十分优秀的品种。

　　生长期为春季和秋季。夏季需注意防暑热，尽量在遮光率50%以上、通风良好的场所栽培。冬季管理时则要防止寒冻。可移至室内，要尽量让环境温度不低于5℃。春季和秋季的生长期中，适度浇水，保持盆土不过于干燥的状态。

　　长年养植的话茎部会变得像山葵一样，很难再长出新根，需要切掉老茎促使再生新根。

姬玉露
Haworthia obtusa

顶部有为进光而生的透明叶窗，短小的叶片密密麻麻聚生在一起。是小型种中颇有人气的一种。常常被当作亲本来培育小型的杂交品种。图中这株宽约5 cm。学名现多写为 *Haworthia cooperi* var. *truncata*。

多德森紫玉露
Haworthia obtusa 'Dodson Murasaki'

"姬玉露"的栽培品种，叶片带有紫色，更具美感。叶窗也更大更美。一整年中都要置于明亮的半阴处管理。

黑玉露锦
Haworthia obtusa f. variegata

叶片带有黑色，所以被称为"黑玉露"。图中的斑锦
株叶窗大，还有美丽的黄色斑纹，非常珍贵。

水晶
Haworthia obtusa 'Suishiyou'

"姬玉露"系列的一种，顶部的白色大叶窗就像水晶
一样，十分美丽。

特达摩
H.arachnoidea var. *setata* f. *variegata* × *obtusa*

由锦化的"凌衣绘卷"（*Haworthia arachnoidea*
var. *setata*）和"姬玉露"杂交而得。带着美丽斑纹
的叶片是其魅力所在。其叶片在圆叶达摩系中属于
特别圆的那种，所以被称为"特达摩"。

皇帝玉露
Haworthia cooperi var. *maxima*

正如其名字"皇帝玉露"，是存在感极强的大型种，
株型有普通玉露类的差不多两倍大，叶窗也更大更
有魅力。

▌帝玉露
Haworthia cooperi var. *dielsiana*

与"姬玉露"很相似，但叶片更加细长，属大型种。栽培方法与"姬玉露"相同，即使放在室内也能长得很好。

▌白斑刺玉露
Haworthia cooperi var. *pilifera* f. *variegata*

长了白色斑纹的名品，若形成群生会很美。栽培方法与"姬玉露"相同，不耐暑热，夏季要特别注意。

▌京之华
Haworthia cymbiformis

三角形叶片呈莲座状展开，叶片的前端有隐约透明的叶窗。在十二卷属中算是容易栽培的，侧芽也很多，容易形成群生。

▌京之华锦
Haworthia cymbiformis f. *variegata*

"京之华"的黄色斑纹的斑锦株，若形成群生会非常美丽。图中这株宽约7 cm。

玫瑰京之华
Haworthia cymbiformis 'Rose'

比"京之华"株型更大，如玫瑰花般美丽。图中这株宽约15 cm。

欧拉索尼（特大）
Haworthia ollasonii

很有人气的叶片透明度较高的原始种。一般宽约10 cm，图中这株养得很好，长得特别大，宽度达到约20 cm。

菊袭/万寿姬
Haworthia paradoxa

若生长状况良好，叶片会呈放射状排列得整整齐齐的，圆鼓鼓的叶窗会闪耀着光泽，是株型紧凑的优良品。图中这株宽约7 cm。栽培时日照管理是重点。

史扑鹰爪寿
Haworthia springbokvlakensis

可清楚地看到扁平宽大的叶窗的模样，仿若矮版万象般的优良品，常被用作杂交亲本。

▍水晶殿/宝透草
▍*Haworthia transiens*

小型十二卷属植物，有许多明亮且透明度高的叶片。叶片展开呈莲座状，单株宽4~5 cm。很容易栽培，也很容易繁殖出子株。

▍冰砂糖
▍*Haworthia retusa* var. *turgida* f. *variegata*

带有纯白斑块的小型十二卷属植物，很有人气。十分强健，很容易爆出子株形成群生。透过光来观赏，就能立刻发现它的美丽。虽然不算稀有，但却是美丽的优良品。

▍洋葱卷
▍*Haworthia lockwoodii*

一整年叶尖都呈现出独特的干枯模样。图中这株处于休眠期因而呈淡茶色，到了生长期就会变成美丽的绿色。

▍小人之座
▍*Haworthia angustifolia* 'Liliputana'

细长的叶片舒展开来的小型十二卷属植物。很容易爆出子株，形成群生会很好看。每2年需移栽1次。通过分株就能简单繁殖。

大牡丹/蛛丝十二卷
Haworthia arachnoidea

蕾丝系十二卷属的代表种，叶片生有细细的绒毛，给人纤细的感觉。对夏季的闷热潮湿很敏感，需要细心管理，避免叶尖干枯。

丝牡丹
Haworthia arachnoidea var. *aranea*

"大牡丹"的变种。蕾丝系十二卷属植物都应养得如图中这样，叶尖无干枯的状态才是最理想的。

钢丝球
Haworthia arachnoidea var. *gigas*

在蕾丝系十二卷属中拥有最为刚劲豪迈的外形，青绿色的叶片上长着白色的尖锐毛刺，很有人气。

曲水之宴
Haworthia bolusii

很早之前就已普及，样子十分美丽。是蕾丝系十二卷属中比较容易栽培的一种。

绿钻石/钻石玉露
Haworthia cooperi var. *gordoniana*

蕾丝系十二卷属中有很多外观相似的种类，因而判定种类时常常会很困难。"绿钻石"也属于易被混淆的种类。

姬绘卷/细叶水晶
Haworthia cooperi var. *tenera*

最小型的蕾丝系十二卷属植物，一个莲座状的叶盘直径约3 cm。半透明叶片的边缘有很多软毛。生长速度快，很容易形成群生。

美丝
Haworthia cooperi 'Cummingii'

与"曲水之宴"很类似的蕾丝品系种。为了避免叶尖干枯，需保证根部长势良好。进行适度的遮光管理和浇水控制，以保持合适的湿度，也是栽培中必须注意的。

曲水牡丹
Haworthia decipiens

长着蕾丝状的细毛，十分美丽，有着别致的外观。

塞米维亚/曲水之扇
Haworthia semiviva

美丽的蕾丝系十二卷属植物。长了许多白色蕾丝状的绒毛，几乎无法看到叶片。

毛玉露
Haworthia cooperi var. *venusta*

全身布满白色短毛的美丽的十二卷属植物。可长至宽约5 cm，保持稍微干燥的状态，形状会长得更漂亮。

美吉寿
Haworthia emelyae var. *major*

叶片整体都密布着细小的毛刺，是特殊的十二卷属植物。在背阴处栽培就会转为绿色，若阳光照射较强则会转为紫褐色。

新雪绘卷
Haworthia 'Shin-yukiemaki'

由"福兔耳"和"毛玉露"实生杂交而得，叶面长满密密麻麻的白色软毛，十分美丽。可用植株基部长出的子株分株繁殖。图中这株宽约7 cm。

▌未命名
▌ *Haworthia major × venusta*

由"美吉寿"和"毛玉露"实生杂交而得，与"新雪绘卷"一样，长满浓密的美丽白毛。白毛比"新雪绘卷"稍少些，可以看见叶窗。图中这株宽约10 cm。

▌楼兰
▌ *Haworthia 'Mirrorball'*

"多德森紫玉露"的杂交品种。肉质叶片的棱上长了许多小毛刺。有许多小小的叶窗的模样让人想到镜面球。

▌白银寿
▌ *Haworthia emelyae*

叶片表面粗糙的十二卷属植物。叶窗有着复杂的白点花纹。图中这株的白点比较分散，"白银寿"基本上就是这个样子的。

▌银河系
▌ *Haworthia emelyae*

"白银寿"中的优良个体被称为"银河系"，白点比较大且排列更紧密。整株仿佛闪耀着白色的光芒，因而就有了"银河系"这个名字。

白银寿锦
Haworthia emelyae f. *variegata*

"白银寿"带着黄色斑纹的斑锦株，十分美丽。局部呈黄色是因为缺乏叶绿素，所以栽培上要格外注意。

超级银河
Haworthia emelyae 'Super Ginga'

与"银河系"很相似的美丽品种。白色斑点就像在夜空中闪烁的星星，非常美丽。

康平寿
Haworthia emelyae var. *comptoniana*

"白银寿"的变种。叶片如圆鼓鼓的不倒翁般，植株外形优美。因为是由日本神奈川县的西岛氏培育出来的，所以又被称为"西岛康平寿"。

康平寿锦
Haworthia emelyae var. *comptoniana* f. *variegata*

与"缪特克"（*Haworthia mutica*）很相似的软叶系大型十二卷属植物。是"康平寿"的斑锦株，叶片上的白色和黄色的斑纹十分美丽。从秋季一直到春季，都应保证日照充足。

▍白鲸
▍ *Haworthia emelyae* var. *comptoniana* 'Hakugei'

属于大型的"康平寿"。网状花纹很粗，整株看起来
几乎是白色的，因而有了"白鲸"这个名字。株型紧
凑，看起来十分漂亮。

▍特别版实方透镜康平寿
▍ *Haworthia emelyae* var. *comptoniana* 'Mikata-lens special'

网状花纹很漂亮。叶窗透明度高的"康平寿"被称为
"透镜康平寿"或"玻璃康平寿"，这个品种也是其中
之一。是由日本的实方氏培育出的品种。

▍白王
▍ *Haworthia pygmaea* 'Hakuou'

"磨面寿"（*Haworthia pygmaea*）株型较小，有叶
面粗糙的、叶面光滑的等各种类型，"白王"是叶面
粗糙、带有白色条纹的优良品。

▍磨面寿锦
▍ *Haworthia pygmaea* f. *variegata*

带有美丽的黄色斑纹的"磨面寿"的斑锦株。图中这
株属于叶面光滑的类型。

美艳寿
Haworthia pygmaea var. *splendens*

图中这株在"美艳寿"里算长得特别美的。叶窗上的条纹带有光泽，根据日照程度不同会呈现金色或红铜色的光芒。

美艳寿
Haworthia pygmaea var. *splendens*

"美艳寿"有很多不同类型，图中这株的叶窗部分如同布满了白霜一般，非常美丽。叶片的形状也很端正。

寿
Haworthia retusa

图中这株是"寿"的基本型，但养得比较大。淡绿色的三角形叶片舒展开来，叶片前端有叶窗。晚春时花茎会伸长并开出白花。

帝王寿
Haworthia retusa 'King'

特大型的"寿"，是有着鲜明斑纹的魅力品种。这是日本的关上氏以实生法繁殖出的品种。

龙鳞
Haworthia venosa ssp. *tessellata*

"龙鳞"也有很多不同类型，图中这株属于标准型。整个叶面都是叶窗，外形非常独特，如龙鳞般的花纹很有个性。

未命名
Haworthia pygmaea × *springbokvlakensis*

由"磨面寿"和"史扑鹰爪寿"杂交而得。能养成扁平的株型，很有人气。

丘比特
Haworthia bayeri 'Jupiter'

特征是叶窗部分有网状花纹，是很美丽的多肉植物。叶片圆润，十分漂亮。

银缪特克
Haworthia mutica 'Silvania'

肥厚的三角形叶片交互重叠，好像一朵玫瑰花。叶窗部分闪烁着美丽的银色。这是在日本培育出的魅力品种，是杂交而得还是突然变异产生尚不能确定。

玫瑰人生锦
Haworthia 'Lavieenrose' f. *variegata*

叶窗部分密生着细毛（由"毛蟹"和"磨面寿"杂交而得），是有着鲜艳黄色斑纹的魅力品种。图中这株宽约8 cm。

墨染
Haworthia 'Sumizome'

粗糙叶面上带有黑褐色的花纹，透明叶窗排列得很美丽的杂交品种。叶尖呈圆角状，有点胖乎乎的感觉，大型的可长到宽约20 cm，图中这株则宽约12 cm。

酒吞童子
Haworthia 'Syuten Douji'

叶片前端半透明叶窗的颜色和花纹都很好看的杂交品种。春季和秋季时，花茎会伸长并长出白色的花。图中这株宽约10.5 cm。盛夏时需控制浇水量。

静鼓锦
Haworthia 'Seiko Nishiki'

这个由组合杂交而得的斑锦品种，在日本以外的国家也有，都能长成漂亮的群生株。

十二卷属（硬叶系）
Haworthia

DATA

科　名	阿福花亚科（百合科）
原产地	南非
生长型	春秋型
浇　水	春季和秋季1周1次，夏季2周1次，冬季1个月1次
根　部	粗根型
难易度	★☆☆☆☆

　　十二卷属中叶片较硬的被归类为硬叶系。其植株外形很像芦荟属和龙舌兰属，前端呈尖锐三角形的叶片呈放射状生长。叶片上没有透明叶窗。

　　以"冬之星座"和"松之雪"等为代表，叶片多有白色斑点。可培育出白点的形状和大小不同的各式各样的品种。在日本也诞生了数个享誉世界的姿态优美的小型杂交品种。

　　栽培方法与软叶系十二卷属差别不大。

　　要避免阳光直射，在温和的光照下栽培。早春（2~3月）时阳光强烈，有可能会造成叶尖干枯，要特别注意。但总的来说，强健的种类占多数，除了一部分难养的种类外，大部分养起来都不会太难。

　　不耐夏季的高温和烈日，因此需放在通风良好的半阴处进行管理。冬季需移至室内，避免0℃以下的低温。

▌松之雪·霜降
Haworthia attenuata 'Simofuri'

"松之雪"有很多不同类型，图中这株"霜降"的白色带状纹特别粗，养得很好。也有人将这个品种命名为 'Super Zebra'（超级斑马）。

▌巴卡达
Haworthia coarctata 'Baccata'

与"满天星"很相似，但叶幅较宽，叶片叠生，植株呈塔状生长。为了防止叶片出现晒伤现象，要避免阳光直射。

琉璃殿白斑
Haworthia limifolia f. *variegata*

很有人气的"琉璃殿"的白色斑纹的斑锦株。白色斑纹的"琉璃殿"非常珍贵，还未普及。

琉璃殿黄斑
Haworthia limifolia f. *variegata*

"琉璃殿"的黄色斑纹的斑锦株，十分美丽。黄色斑纹的"琉璃殿"比白色斑纹的"琉璃殿"要普及一些。

瑞鹤
Haworthia marginata

"瑞鹤"有很多不同类型，图中这株被称为"白折鹤"。叶片边缘有白色条纹，给人清新明快的印象。

冬之星座·迷你甜甜圈
Haworthia maxima (pumila) 'Mini Donuts'

maxima 或 *pumila*，这两个种小名都有人用。图中这株是极小型的扁平类型，因小巧可爱而人气颇高。

冬之星座·甜甜圈
Haworthia maxima (*pumila*) 'Donuts'

叶片上的白点如甜甜圈般呈圆环状的美丽杂交品种，
算是比较大众化的人气品种。

冬之星座·甜甜圈锦
Haworthia maxima (*pumila*) 'Donuts' f. *variegata*

比"冬之星座·甜甜圈"多了黄色的斑纹。栽培方法
与"昂星"（*Haworthia* 'Subaru'）一样。

冬之星座锦
Haworthia maxima (*pumila*) f. *variegata*

"冬之星座"的斑锦株。带有黄色的斑纹，十分好看，
很受欢迎。

满天星
Haworthia minima

深绿色的肥厚叶片上布满白点。十分强健，容易栽
培。

▋天使之泪

Haworthia 'Tenshi-no-Namida'

因叶片上的白色条纹被喻为"天使之泪"而得名。是"瑞鹤"的杂交品种。

▋聚叶尼古拉

Haworthia nigra var. *diversifolia*

在"尼古拉"系列中算是最小型的，叶片上的有凹凸感的黑点是其魅力所在。在较强的光照下栽培，叶片的颜色会变深。生长速度慢，可形成群生。

▋星之林

Haworthia reinwardtii 'Kaffirdriftensis'

能向上长高，会从植株基部长出许多子株，形成群生。图中这株高约20 cm。强健而容易栽培。

▋锦带桥

Haworthia venosa × *koelmaniorum* 'Kintaikyou'

由"大帝鳞"（*Haworthia venosa*）和"高文鹰爪"（*Haworthia koelmaniorum*）杂交而得，是在日本培育出的优形杂交品种。图中这株是长得特别漂亮的优良个体。

十二卷属（万象）
Haworthia

DATA

科　　名	阿福花亚科（百合科）
原 产 地	南非
生 长 型	春秋型
浇　　水	春季和秋季1周1次，夏季2周1次， 冬季1个月1次
根　　部	粗根型
难 易 度	★☆☆☆☆

　　在日文中，"万象"的含义是"存在于天地宇宙之间的千变万化的形象"。叶片前端仿佛被利刃切断般，有着半透明的叶窗，可以吸收光线。叶窗部分的白色花纹，会根据个体不同产生丰富变化。因样子千变万化，成为极受日本人喜爱的一类多肉植物。

灰姑娘
Haworthia maughanii 'Cinderella'

知名品种。图中这株还未长成，所以还看不出它应有的美。随着时间的推移，叶窗上的白线会更明显，变得非常漂亮。属于稀少的品种。

三色
Haworthia maughanii 'Tricolore'

叶窗的颜色很独特，在多肉迷中是人气很高的品种。属于高价名贵品种。

白乐
Haworthia maughanii 'Hakuraku'

很少见到的白色叶窗是其魅力所在。是日本神奈川县的关上氏以大型万象为亲本采集种子，用实生法培育出来的品种。欣赏白色的乐趣，就是"白乐"这个名字的寓意。

十二卷属（玉扇）
Haworthia

DATA

科　　名	阿福花亚科（百合科）
原 产 地	南非
生 长 型	春秋型
浇　　水	春季和秋季1周1次，夏季2周1次，冬季1个月1次
根　　部	粗根型
难 易 度	★☆☆☆☆

　　前端与万象一样仿佛被切断般的厚叶片排成一列，从正立面看起来就好像扇子一样。叶片前端有透镜状的叶窗，叶窗的样子十分丰富多变。栽培轻松，根会像牛蒡的根一样延伸，所以需要栽种在较深的盆中。会从植株基部长出子株。日文名一般被念为"GYOKUSEN"，而命名者则会被念为"TAMAOOGI"。

埃及艳后／克里奥帕特拉
Haworthia truncata 'Cleopatra'

叶窗部分的花纹清晰鲜明，呈现出很美的视觉效果。是叶片颜色和整体形状均上佳的优良品。

暴风雪锦
Haworthia truncata 'Blizzard' f. *variegata*

有黄色的斑纹，是很珍贵的一种玉扇。图中这株堪称斑纹颜色、斑纹分布和植株外形都毫无瑕疵的绝佳品。

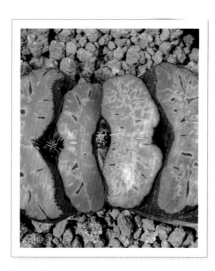

未命名
Haworthia truncata cv.

叶窗部分是白色的，是很珍贵的一种玉扇。是用实生杂交的方法培育出来的。

龙舌兰属
Agave

DATA

科　名	天门冬科（百合科）
原 产 地	美国南部至中美洲
生 长 型	夏型
浇　水	春季至秋季2周1次，冬季1个月1次
根　部	粗根型
难 易 度	★☆☆☆☆

以墨西哥为中心，从美国南部到中美洲分布有100个以上的已知种。叶片前端有刺，形状和斑纹则随种类不同而各具特色。生长期是春季至秋季，属于夏型。适合在日照较好、略微干燥的场所栽培。

用来做龙舌兰酒的大型龙舌兰，俗称"century plant"（世纪植物），据说100年才开花一次，但现在大多数都是用实生法培育的，30年左右就会开花一次。除了新发现的"白头翁龙舌兰"之外，都很强健且耐寒耐暑，容易栽培，但栽种前需预先考虑到长大后的

尺寸，以免日后生长空间显得促狭。

"雷神"（*Agave potatorum*）和"笹之雪"（*Agave victoriae-reginae*）这样的中、小型种，在日本更受欢迎。"八荒殿"（*Agave macroa-cantha*）、"雷神"、"大齿龙舌兰"（*Agave horrida*）、"翡翠盘"（*Agave attenuata*）等比较不耐寒的种类，冬季需移至室内管理。"吹上""笹之雪""姬龙舌兰"等比较耐寒的种类，在日本关东以西地区可以在室外过冬。

白头翁龙舌兰
Agave albopilosa

于2007年被发现，是21世纪最大的新发现种。因为生长在悬崖峭壁上，所以发现时间较晚。叶片前端的细毛是其特征。生长速度似乎十分缓慢。
图片提供：Köhres-kakteen

金边翡翠盘 / 金边狐尾龙舌兰
Agave attenuata f. variegata

是颇受欢迎的一种龙舌兰斑锦株。"翡翠盘"除了有图中这种黄色覆轮斑的斑锦类型之外，也有白色斑纹的斑锦类型。会长成较高的植株。"翡翠盘"这个称呼是沿用日本俗名而来。

棱舌兰
Agave bovicornuta

属于中型的龙舌兰，叶片边缘长着红色的锐刺，与叶片的绿色形成对比。很有个性的样子为它带来人气。数量很少，十分珍贵。

多苞龙舌兰（缀化）
Agave bracteosa f. cristata

没有长刺、叶片较细的小型龙舌兰，也有一些会长白色的斑纹。叶片很容易折伤，要特别留心。图中这株是生长点产生变异的缀化株。

白丝王妃锦
Agave filifera f. variegata

长着漂亮中斑的小型龙舌兰。小巧可爱的带有斑纹的龙舌兰很受欢迎。

波叶龙舌兰锦
Agave gypsophila f. variegata

叶片呈波浪状，植株外形很特别的中型龙舌兰。图中的斑锦株长着黄色覆轮斑，是很稀少的个体。

▌甲蟹锦
Agave isthmensis f. variegata

"甲蟹"比"雷神"株型更小。图中的斑锦株有黄色的斑纹，长得很漂亮。

▌王妃甲蟹（排刺）
Agave isthmensis 'kabutogani'

叶片边缘有数个并排相连的尖刺是其特征，是高人气的小型龙舌兰。

▌王妃甲蟹锦
Agave isthmensis 'kabutogani' f. variegata

比"王妃甲蟹"多了黄色覆轮斑。图中这株是斑纹和尖刺长得很漂亮的个体。

▌五色万代
Agave lophantha f. variegata

有着白色或黄色斑纹的中型龙舌兰，很早之前就已普及，拥有高人气。不太耐寒，所以冬季管理时要特别留心。

姬乱雪锦
Agave parviflora f. variegated

"姬乱雪"的黄色中斑的斑锦株，是小巧美丽的优良品。叶片上长了白色线状的刺，这些刺会随着植株的生长而产生变化，非常有趣。

雷神锦 Sigeta Special
Agave potatorum f. variegata 'Sigeta Special'

可长至宽约30 cm的中型龙舌兰，比"雷神"多了黄色覆轮斑，刺也变得更大，十分漂亮。

王妃雷神
Agave potatorum 'Ouhi Raijin'

在日本经过选育而得的超小型的人气品种。不管怎么生长，直径都不会超过15 cm，宽大的叶片是其特征。对寒冷很敏感，冬季管理时要特别留心。

王妃雷神锦
Agave potatorum 'Ouhi Raijin' f. variegata

比"王妃雷神"多了美丽的黄色中斑，较为许柔软的淡绿色叶片是其特征。为了防止叶片出现晒伤现象，夏季时需要遮光。

▍吉祥冠锦
Agave potatorum 'Kisshoukan' f. *variegata*

宽宽的叶片搭配红色的尖刺，是非常好看的小型龙舌兰。"吉祥冠"有很多斑锦类型，图中的斑锦株是白色中斑的珍品。

▍吉祥冠锦
Agave potatorum 'Kisshoukan' f. *variegata*

图中的斑锦株属于黄色中斑的斑锦类型。小型龙舌兰，生长速度较慢。稍微不耐冬寒，要特别注意。

▍雷神·贝奇
Agave potatorum 'Becky'

"雷神"的小型栽培品种"姬雷神"的斑锦株，被命名为 'Becky'（贝奇）。拥有美丽的白色中斑，小巧可爱，极有人气。

▍姬龙舌兰
Agave pumila

独特的三角形叶片看起来好像小型的芦荟，比较耐寒，所以在日本关东以西地区，即使冬季也可以在室外栽培。图中这株宽约15 cm。

吹上
Agave stricta

细长的叶片呈放射状扩散开来，持续生长会呈现如刺猬般的外形。有很多不同类型，但小型的比较受欢迎。

仁王冠 No.1
Agave titanota 'No.1'

叶片边缘的刺是龙舌兰里最坚硬的，给人霸气的感觉。不耐寒，即使是在日本关东以西地区，冬季也无法在室外栽培。图中这株宽约20 cm。

姬笹之雪
Agave victoriae-reginae 'Compacta'

小型的优形品种。生长速度非常慢，要长成像图中这株的大小（宽约15 cm），大约要花5年的时间。在日本关东以西地区，冬季也可以在室外栽培。

冰山 / 白覆轮鬼脚掌
Agave victoriae-reginae f. *variegata*

比"笹之雪"多了白色覆轮斑的珍品，白色覆轮斑和白色线纹令人联想到冰山。栽培方法与"笹之雪"相同。

虎尾兰属
Sansevieria

DATA

科　　名	天门冬科（百合科）
原 产 地	非洲
生 长 型	夏型
浇　　水	春季至秋季1周1次，冬季1个月1次
根　　部	粗根型
难 易 度	★☆☆☆☆

　　原产地在非洲等干燥地带。在虎尾兰属中，除了人们熟知的作为观叶植物的大型种，广大多肉迷也栽培着一些品相优秀的小型种。由于不耐寒，所以冬季必须在室内栽培，但是从春季到秋季，在室外栽培会长得很好。耐受干燥和潮湿的能力都较强，是十分强健、容易栽培的种群。

▍尼罗虎尾兰
Sansevieria nilotica

超小型的虎尾兰，叶片前端呈棒状。会延伸出走茎并在其前端长出子株，继而横向蔓延扩展，很容易繁殖增生。

▍树虎尾兰锦
Sansevieria arborescens 'Lavanos' f. *variegata*

原产于索马里的小型虎尾兰，叶片边缘染上些许红色。图中这株有着黄色的斑纹，非常美丽。

▍香蕉虎尾兰
Sansevieria ehrenbergii 'Banana'

"爱氏虎尾兰"（*Sansevieria ehrenbergii*）的矮性品种，叶片较宽，肉质肥厚。图中这株的叶片长约10 cm，继续生长则可至约20 cm。

苍角殿属
Bowiea

DATA

科　　名	天门冬科(百合科)
原 产 地	南非
生 长 型	夏型、冬型
浇　　水	春季和秋季1周1次,夏季和冬季1个月1次
根　　部	粗根型
难 易 度	★★☆☆☆

　　在南非有5~6个已知种的小属。圆球状的茎部好像洋葱,属于块茎多肉植物的一种。生长期会从球茎的顶部长出枝蔓,并长出很多细长的叶片,还会开出白色的小花,比较容易栽培。生长型有夏型,也有冬型,栽培时需注意区别对待。

▌苍角殿
Bowiea volubilis

生长型为冬型,地面上的球茎会长到直径5~6 cm。自花授粉后会结出种子。它的近缘种,就是球茎能长到直径20 cm的"大苍角殿"。

蓝耳草属
Cyanotis

DATA

科　　名	鸭跖草科
原 产 地	非洲、南亚、澳大利亚北部
生 长 型	夏型
浇　　水	春季和秋季1周1次,夏季1周2次,冬季2周1次
根　　部	细根型
难 易 度	★★☆☆☆

　　目前该属在非洲、南亚、澳大利亚北部有50余个已知种。个头较小且肉质较厚,在多肉植物温室中常常能看到它们。栽培方法与鸭跖草科的紫露草属基本相同,如果可以增强遮光力度,那么叶片可保持更鲜嫩的颜色。耐暑热和严寒,是十分强健的植物。

▌银毛冠锦
Cyanotis somaliensis f. variegata

小小的叶片上长满了细绒毛,还有美丽的斑纹。是容易栽培的小型种,不过与其他多肉植物相比,需要多浇点水才能健康生长。

铁兰属
Tillandsia

DATA

科　名	凤梨科
原产地	美国南部至中美洲、南美洲
生长型	夏型
浇　水	春季至秋季1周1次，冬季1个月2次
根　部	细根型
难易度	★★★☆☆

　　从美国南部至中美洲、南美洲，分布有超过700个已知种。大部分种类都寄生在木头、岩石，甚至电线上。其原生地环境从森林、山地到沙漠等各不相同，所以其耐旱程度也各不相同。一般来讲，叶片较薄的种类多生长于雨水较多的地区，叶片较厚的种类多生长于干燥地区。生长速度较慢，在日本市面常见的植株都是从日本之外的国家引进的。

　　不用泥土就能生存，市面销售时通常称其为"空气凤梨"。也因此，那种"时不时浇点水就能活"的错误栽培方法广为流传，导致大多数人都养不好，也就未能普及开来。过于干燥其实对植株的生长很不利，因此生长期建议1周浇水1次，采用浸入水中30分钟的方式使其充分吸水。注意不要积水，浸水后要将水沥干后再摆放好。适合放置于明亮的半阴处。通风良好非常关键。

红花瓣 / 阿宝缇娜
Tillandsia albertiana

原产于阿根廷的小型种，比较容易形成群生，可以开出美丽的红花。水分充足时生长状态较佳，将植株置于素烧陶盆中，可以更好地保持湿度。

勾苞铁兰 / 宝石
Tillandsia andreana

原产于哥伦比亚的细叶种，叶片呈针状，整株看起来很像长满刺的圆球。也有红色叶片的类型。会开出红色的大花，很有特色。花凋谢后会长出数个子株。

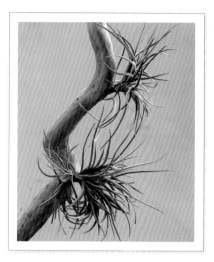

扁担西施
Tillandsia bandensis

主要分布于玻利维亚到巴拉圭一带，具群生性。每年都会开花，花朵呈淡紫色且有香气。不耐干燥，所以浇水量需多一些，但是要避免积水。

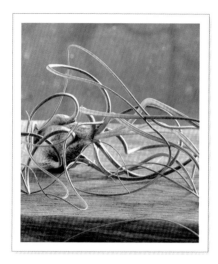

虎斑铁兰
Tillandsia butzii

整株表面长满黑紫色的花纹，叶片卷曲，外形独特优美。不耐干燥，所以浇水量要适当多些。若叶沟闭合起来，就是缺水的信号。

卡诺
Tillandsia caerulea

正如其种小名*caeraulea*（蓝色）一般，会开出蓝色的花朵。部分个体可能较难开花，所以在购买时最好选正在开花的。用悬吊的方式栽培也很有趣。

丝毛铁兰
Tillandsia capillaris

广泛分布于智利、秘鲁、厄瓜多尔等地，有很多不同类型。有的如图中这株般茎伸展很长，也有的几乎没有茎。

▌海胆
▌*Tillandsia fuchsii* f. *fuchsii*

在"富氏铁兰"(*Tillandsia fuchsii*)系列中，"海胆"属于叶片比较短小的精致可爱的类型。生长周期很短，大约一年就能成熟、开花及长出子株。

▌休斯敦棉花糖
▌*Tillandsia houston* 'Cotton Candy'

家装卖场常见的一款强健的杂交品种。稠密柔软的叶片上布满白色绒毛(白粉)，就如同棉花一般。会开出饱满的粉色花朵。

▌小精灵锦
▌*Tillandsia ionantha* f. *variegata*

"小精灵"是最常见的空气凤梨的代表种。形状和颜色会因产地不同而不同，因而也出现了只收集"小精灵"系列的多肉玩家。图中的斑锦株有着美丽的斑纹。

▌福果精灵/火焰小精灵
▌*Tillandsia ionantha* 'Fuego'

是"小精灵"系列中颜色最醒目的名品，被命名为'Fuego'(火焰)。基本种一般只在开花期才会转成红色，但图中这株却整年都红彤彤的，非常美丽。

大天堂
Tillandsia pseudobaileyi

"大天堂"又被称为"伪'贝利艺'(*Tillandsia Baile-yi*)",株型比"贝利艺"大。革质化的叶片偏硬,与"虎斑铁兰"一样,需要适当多浇水。若施肥可长至近30 cm高。

天鹅绒
Tillandsia velutina

市面销售的大多是幼株,培育为成株后,白色的绒毛与红、绿双色的叶片会形成美丽的对比。体质强健。

维尼寇沙·紫巨人
Tillandsia vernicosa 'Purple Giant'

"维尼寇沙"原产于阿根廷、玻利维亚、巴拉圭等地,有很多不同类型。图中这株被称为"紫巨人",比基本种株型大一些,日照充足的话叶片会呈现美丽的紫色。会开出橘色的花朵。

霸王
Tillandsia xerographica

在市售的铁兰属里堪称王者般的存在,姿态雄伟,很有人气,大型的植株高可超60 cm。生长速度虽然很快,但是开花要等上数年。

雀舌兰属

Dyckia

DATA

科　　名	凤梨科
原产地	巴西等
生长型	夏型
浇　　水	春季至秋季1周1次，冬季1个月1次
根　　部	粗根型
难易度	★★★☆☆

也被称为"沙漠凤梨属"。是生长在南美洲山脉地带的干燥岩石堆上的凤梨科植物，以巴西为中心，遍布阿根廷、巴拉圭、乌拉圭等地，有100多个已知种。硬质的大叶片呈莲座状展开，叶片边缘有较大的锯齿形刺。尖锐的叶片和有特色的刺极具魅力，目前已有很多杂交培育出的栽培品种。

耐暑热能力很强，在日本即使酷暑天气也能平安度过。即使是夏季，也要保证日照充足才能培育好。应随时注意日照是否充足。

有一定的抗寒性，在断水干燥状态下，可以承受接近0℃的低温，不过冬季还是移至室内管理比较安全，但要放在日照充足的窗边。

从春季到夏季都会伸出长长的花茎，开出许多黄、橘、红等颜色的花朵。凤梨科植物一般开花后植株就会慢慢枯萎，但雀舌兰属是个例外。

剑山之缟
Dyckia brevifolia

很早之前已有栽培的名种，原生地应该是水源充沛的地方，所以喜水，盆土过干的话会从下面的叶片开始干枯，所以要特别留心。也被称为"短叶雀舌兰"。

剑山之缟·夕映
Dyckia brevifolia 'Yellow Grow'

"剑山之缟"的斑锦品种，植株中心泛着美丽的黄色。与"剑山之缟"一样，水快干时浇水，不要让盆土过于干燥。

道森尼
Dyckia dawsonii

比较普通常见的种，有几种不同类型。图中这株是深色同类交配而得的，在较干燥的状态下生长红色会加重，较潮湿的状态下则会发黑。

阔叶雀舌兰
Dyckia platyphylla

虽然多被认为是野生种，但是以同一名字出现在市面上的却有很多不同类型。若使用实生法培育会产生各种不同的形态，所以笔者认为应是自然杂交或者杂交培育而得的。

银白叶雀舌兰
Dyckia marnier-lapostollei var. *estevesii*

叶片好像被白粉覆盖一般，十分美丽，很有人气。图中这株是刺比较长、鳞片比较多的变种。全年必须在日照充足之处管理。即使被盛夏的强烈阳光照射，也不会出现叶片晒伤现象。

布雷马克西
Dyckia burle-marxii

有着红色的硬叶及长在叶片边缘的粗大锐刺，是很美丽的野生种。虽然是优秀的野生种，但是不常被用作杂交亲本。

纤穗雀舌兰
Dyckia leptostachya

茎的基部呈肥大的块状，是十分珍贵的种。匍匐枝会伸入土中长出子株。图中这株是经过筛选的红色更加饱满的个体。

未命名
Dyckia goehringii × 'Arizona'

近期在泰国杂交而得，并引进至日本。很像短叶版的*Dyckia goehringii*（中文名未命名），是一个很美丽的品种。

红心凤梨属
Bromelia

DATA

科　名	凤梨科
原 产 地	中美洲、南美洲
生 长 型	夏型
浇　水	春季至秋季1周1次，冬季1个月1次
根　部	粗根型
难 易 度	★★★☆☆

主要分布于中美洲、南美洲，有较多已知种。在日本不太常见，特别是图中的"烈焰红心凤梨锦"，更是极为少见。一般来说株型都比较大，叶片边缘的锐刺很危险，因此栽培的人也很少。很耐寒，在无霜地带均可在室外栽培。

烈焰红心凤梨锦
Bromelia balansae f. *variegata*

"烈焰红心凤梨"的斑锦株。株型较大，黄色的斑纹和红色的尖刺产生对比，非常美丽。刺十分尖锐很危险，需非常小心。

姬凤梨属
Cryptanthus

刺垫凤梨属
Deuterocohnia

龙舌凤梨属
Puya

这三个属都是原产于南美洲的凤梨科植物。姬凤梨属大多原生于森林中，其多姿多彩的叶片极具魅力，多被当作观叶植物，很容易栽培。刺垫凤梨属是高山性的小属，不耐暑热。龙舌凤梨属也被称为"皇后凤梨属"，株型较大，由于有锐刺，要注意不要被弄伤。

▍瓦拉西姬凤梨
Cryptanthus warasii

姬凤梨属中有很多被当作观叶植物的薄叶种，本种那仿佛长了白色鳞片(绒毛)的硬质叶片十分美丽，在多肉迷中很有人气。

▍绿花刺垫凤梨
Deuterocohnia chlorantha

小小的叶片呈莲座状展开，宽仅1.5 cm左右，虽然是小型种，但是会爆出很多子株形成群生。日本埼玉县加须市的浜崎氏培育出了超过1 m高的植株。之前被归于亚波萝属(*Abromeitiella*)。

▍科利马
Puya sp. Colima Mex.

龙舌凤梨属大多原产于智利和阿根廷，但本种是原产于墨西哥科利马州的特异种。发白的叶片非常美丽。

— PART 2 —
仙人掌科

代表性多肉植物，以墨西哥为中心遍布北美洲南部，有2 000余个已知种，许多种类很早之前就已在日本作为观赏植物广为流通。茎部肉质化，根据其形状不同分为团扇状仙人掌、柱状仙人掌、球状仙人掌等，肉质化程度较高的球状仙人掌相对更有人气。为防止水分蒸发，大部分种类的叶片都退化为针状刺，但也有无刺的种类。

岩牡丹属
Ariocarpus

DATA

科　　名	仙人掌科
原 产 地	墨西哥
生 长 型	夏型
浇　　水	春季至秋季1周2次，冬季1个月1次
根　　部	细根型
难 易 度	★★☆☆☆

　　之前岩牡丹属和龟牡丹属是两个独立的属，现已合并为岩牡丹属。生长缓慢，随着栽培技术的进步，在日本以实生法培养出的美丽个体已开始出现。不耐寒，冬季时环境温度需保持在5℃以上。

花牡丹
Ariocarpus furfuraceus

是岩牡丹属里较会开大型花的种，酷似"岩牡丹"（*Ariocarpus retusus*），注意不要混淆。图中这株宽约15 cm。

龟甲牡丹
Ariocarpus fissuratus

刺座上长着美丽的白毛。因为不耐寒，冬季时需移至室内温暖处管理。

哥斯拉
Ariocarpus fissuratus 'Godzilla'

"龟甲牡丹"的突然变异品种。会让人联想到电影中的怪兽哥斯拉，颇具人气。

黑牡丹
Ariocarpus kotschoubeyanus

单株株型比较小，但是会长出子株形成群生。若要形成可观的群生株，要花上数十年的时间，需耐心培育。

姬牡丹
Ariocarpus kotschoubeyanus var. *macdowellii*

"黑牡丹"的变种，株型更小，花是白色的(也有比"黑牡丹"的花色略浅些的粉红色的)。图中这株宽约5 cm。

龙角牡丹
Ariocarpus scapharostrus

属于群生性的小型种。岩牡丹属仙人掌整体而言与非仙人掌类多肉植物外形较为相似，因此颇有人气。

三角牡丹
Ariocarpus trigonus

因叶片(疣状突起)呈三角形而得名。图中这株属于细叶型，花是淡黄色的。图中这株宽约20 cm。

星球属
Astrophytum

DATA

科 名	仙人掌科
原 产 地	墨西哥
生 长 型	夏型
浇 水	春季至秋季1周2次，冬季1个月1次
根 部	细根型
难 易 度	★★☆☆☆

　　球状体上镶嵌着星星般的白点，因此在日本也被称为"有星类"。大部分种类都没有刺，因此很好打理，变种和杂交品种都很多，因此这个属的仙人掌不管什么时候都有很多粉丝，其斑锦株也很有人气。不耐寒，冬季时环境温度需保持在5℃以上。不耐强烈阳光照射，夏季需遮光管理。

兜/星球
Astrophytum asterias

在本属中人气最高，属于无刺仙人掌。通过杂交培育出很多美丽的品种，在很多国家广受欢迎。

琉璃兜
Astrophytum asterias var. *nudum*

没有白点的"兜"，刺座上的绒毛会有大小等变化是其魅力所在。直径8~15 cm，顶部会开出淡黄色的花朵。冬季要控制浇水量。

琉璃兜锦
Astrophytum asterias var.*nudum* f. *variegata*

"琉璃兜"的斑锦株，没有白点，但长有黄斑。图中这株的黄斑是成片的斑块状的，因为有斑的部分生长比较快速，所以长着长着就有点歪了。

弯凤玉
Astrophytum myriostigma

"弯凤玉"一般有5条棱，但图中这株因有4条棱而被称为"四角弯凤玉"。也有3条棱的，但很容易产生增棱现象，最终甚至产生缀化变异。

琉璃弯凤玉
Astrophytum myriostigma var. *nudum*

"弯凤玉"的没有白点的变种。像图中这种棱角圆鼓鼓的球状类型，比较受欢迎。

弯凤玉锦
Astrophytum myriostigma f. *variegata*

"弯凤玉"的斑锦株。图中这株的斑锦非常华丽，几乎感觉不到白点的存在，是非常漂亮的个体。

琉璃弯凤玉锦
Astrophytum myriostigma var. *nudum* f. *variegata*

"琉璃弯凤玉"的黄色斑纹的斑锦株。因为没有白点，绿色表皮衬托下的黄色斑纹更加醒目，十分美丽。

龙爪球属
Copiapoa

DATA

科　　名	仙人掌科
原 产 地	智利
生 长 型	夏型
浇　　水	春季至秋季1周2次，冬季1个月1次
根　　部	细根型
难 易 度	★★☆☆☆

　　原产于智利的仙人掌，生长在极度干燥少雨的环境中。由于生长极为缓慢，之前在日本一般都是依赖于成株（成球）引进，现在则已经能利用实生法培育出漂亮的植株，市面上也可见到许多优良个体。会开黄色的小花。少量浇水，耐心培育。

▌黑王丸
Copiapoa cinerea

龙爪球属的代表种。青白色的表皮衬托出黑色的刺。虽然生长缓慢，却能很快形成群生。

▌黑士冠
Copiapoa cinerea var. dealbata

"黑王丸"的变种，特征是长着长长的黑刺。与"黑王丸"一样，会爆出子株形成群生。一开始呈球状，很快就会纵向生长变成圆柱状。

▌疣仙人
Copiapoa hypogaea var. barquitensis

原产于智利。属于没有刺（或刺极短）的可爱的变种。株型很小，单球直径大约只有3 cm。春季到夏季会开出黄色的花朵。

圆盘玉属
Discocactus

DATA

科 名	仙人掌科
原 产 地	巴西
生 长 型	夏型
浇 水	春季至秋季1周2次，冬季1个月1次
根 部	细根型
难 易 度	★★☆☆☆

原产于巴西。正如其名，扁扁的圆盘状外形是其特征。不耐寒，冬季休眠期需停止给水。进入开花期后，生长点会形成花座并开花。会于夜间开出白花，即使只开出一朵，也会满室幽香而令人心旷神怡。

白条冠 / 蜘蛛球
Discocactus araneispinus

长长的白刺细密交织如同鸟巢般，几乎覆盖了表面。多年的老桩会长出子株形成群生。

奇特玉
Discocactus horstii

是圆盘玉属中最小型的种，直径能长到5~6 cm。刺紧贴着球茎生长，即使不小心触碰到也不会痛，这也是其受欢迎的原因之一。

黑刺圆盘玉
Discocactus tricornis var. *giganteus*

由*Discocactus tricornis*（中文名未命名）培育而得的偏大型的变种。粗壮的黑色锐刺极具魅力，在圆盘玉属中颇有人气。

鹿角柱属
Echinocereus

DATA

科　　名	仙人掌科
原 产 地	美国西南部、墨西哥
生 长 型	夏型
浇　　水	春季至秋季1周2次，冬季1个月1次
根　　部	细根型
难 易 度	★★☆☆☆

　　分布于墨西哥，以及美国新墨西哥州、亚利桑那州、得克萨斯州、加利福尼亚州等地，约有50个已知种。

　　群生性的小型种占多数，多于春季至夏季开出粉色、橘色或黄色的美丽的大花，属于相当有人气的"花仙人掌"。

卫美玉
Echinocereus fendleri

原产于墨西哥北部的柱状仙人掌，表面布满细密的刺是其特征。春季至秋季会开出鲜艳的粉色花朵。花期大多只有一天。

紫太阳
Echinocereus pectinata var. rigidissimus 'Purpleus'

原产于墨西哥。在本属中人气最高，紫色的刺随着生长时间的累积而叠加（一年叠加一轮），呈现出浓淡相间的美丽圈纹。要保证日照充足才能长得越来越美。花期在春季。

丽光丸
Echinocereus reichenbachii

原产于美国西南部和墨西哥，变种极多。图中这株是基本型。花朵直径6~7 cm，多为粉色，于春季开花。喜好日照和通风均较好的环境。

清影球属
Epithelantha

DATA

科 名	仙人掌科
原 产 地	美国、墨西哥
生 长 型	夏型
浇 水	春季至秋季2周1次，冬季1个月1次
根 部	细根型
难 易 度	★★☆☆☆

　　原产于美国、墨西哥，外形多为小小的球状或圆柱状，包括"辉夜姬""月世界"及"小人之帽"等。小型种较多，特征是刺纤细且多为群生。群生株栽培时要特别注意通风。

月世界
Epithelantha micromeris

小型种，可形成美丽的群生株，白色的细刺长得密密麻麻，几乎看不见茎部表皮。红色部分是花开后结的果，可以长时间赏玩。

小人之帽
Epithelantha bokei

小型种，可形成美丽的群生株。短刺密密地附着在茎部表皮上，即使触碰到也不会痛。容易长介壳虫且难以消灭，是管理中比较麻烦的一点。

辉夜姬
Epithelantha micromeris var. *unguispina*

连名字都很可爱，很有人气。整体被柔软的白刺覆盖，会从植株基部长出子株变成群生株。前端有黑色直刺，要注意别被扎到。冬季需移至室内管理。

金琥属
Echinocactus

DATA

科　名	仙人掌科
原 产 地	美国、墨西哥
生 长 型	夏型
浇　水	春季至秋季2周1次，冬季1个月1次
根　部	细根型
难 易 度	★★☆☆☆

　　也被称为"广刺球属"。会从刺座上长出锐刺的多棱仙人掌。外形多为球状或酒桶状，持续生长的话，大多可长成直径50 cm以上的大型植株。

　　喜光，若日照不足，刺会变得稀疏细弱。冬季时环境温度需保持在5 ℃以上。昼夜温差越大，生长速度越快。

▌金琥
Echinocactus grusonii

可以说是仙人掌的代表种，然而据说因原生地被水淹没，现已濒临绝迹，因此现存的植株都非常珍贵。黄色的刺是其特征，长势够好的话直径可达1 m以上。

▌黑刺太平丸
Echinocactus horizonthalonius var. *nigrispinus*

带黑刺的"太平丸"。图中这株是在日本用实生法培育出来的外形很美丽的个体。因为生长缓慢，要有耐心，需悉心照料。

▌大龙冠
Echinocactus polycephalus

虽然属于不易栽培的种，但是最近日本市面上出现了用实生法培育的植株，从日本之外的国家引进的植株已很难见到。图中这株就是在日本培育的实生株。

仙人球属
Echinopsis

DATA

科　　名	仙人掌科
原 产 地	南美洲
生 长 型	夏型
浇　　水	春季至秋季1周2次，冬季1个月1次
根　　部	细根型
难 易 度	★★☆☆☆

　　在巴西南部、乌拉圭、阿根廷、玻利维亚、巴拉圭等地，分布有100多个已知种，人工培育的栽培品种也很多。日本从大正时代就开始栽培，普通人家房前屋后都可见到它的身影。十分强健，容易栽培，也经常被用作嫁接时的砧木。

世界图
Echinopsis eyriesii f. variegata

"短毛丸"（*Echinopsis eyriesii*）基本种是普通人家房前屋后见到的一种群生株仙人掌。"世界图"比基本种多了黄色斑纹。图中这株宽约10 cm。

松笠球属
Escobaria

DATA

科　　名	仙人掌科
原 产 地	美国西南部、墨西哥
生 长 型	夏型
浇　　水	春季至秋季1周2次，冬季1个月1次
根　　部	细根型
难 易 度	★★☆☆☆

　　分布于墨西哥至美国得克萨斯州，约有20个已知种，是个不起眼的小属。大多是小型的群生株，却能开出让人称奇的大型花朵，且花色多样。其原生地正逐渐缩小，在《华盛顿公约》中被指定为一类保护物种。

孤雁丸
Escobaria leei

很容易形成群生的小型种。把它嫁接在"龙神柱"之类的砧木上，几年后就会长成如图所示的群生株。图中这株宽约10 cm。

强刺球属
Ferocactus

DATA

科　　名	仙人掌科
原 产 地	美国西南部
生 长 型	夏型
浇　　水	春季至秋季1周1次，冬季1个月1次
根　　部	细根型
难 易 度	★★☆☆☆

　　与金琥属一样，强刺球属仙人掌中也有许多刺很美的种类。本属仙人掌的刺颜色十分丰富，有黄色刺的强健的"金冠龙"，还有红色刺的"赤凤"（*Ferocactus pilosus*）等。适时换盆很重要，若根部打结会导致植株生长不好，也会影响刺的生长。

▌金冠龙
▌*Ferocactus chrysacanthus*

有着华丽的黄色刺的球状仙人掌。有时也能看到红色刺的类型。要在日照和通风都较好的地方栽培。如果过于潮湿，刺座容易脏，需格外注意。

▌龙凤玉
▌*Ferocactus gatesii*

拥有美丽的尖刺，特别是刚长出来的鲜刺，有很美的红色，极具观赏价值。

▌日出丸
▌*Ferocactus latispinus*

有着美丽尖刺的仙人掌，宽宽的黄色刺搭配尖尖的红色刺，非常美丽。虽然市面上常见的大多是小型植株，但也有直径长至40 cm的成株。

庆福球属
Geohintonia

DATA

科 名	仙人掌科
原 产 地	墨西哥
生 长 型	夏型
浇 水	春季至秋季1周2次，冬季1个月1次
根 部	细根型
难 易 度	★★☆☆☆

　　也被称为"金仙球属"。于20世纪末在墨西哥山地的石灰岩斜坡上被发现。1992年有记载的只有"金仙球"1个种，是一属一种的新属。属 名 是 以 发 现 者George Sebastian Hinton（乔治·塞巴斯蒂安·欣顿）的名字来命名的。生长速度极为缓慢，直径只能长到约10 cm。

金仙球/薄叶花笼
Geohintonia mexicana

与"欣顿花笼"相同，生长速度极为缓慢。图中这株是用实生法培育了6年的开花植株，直径约6 cm。

绫波球属
Homalocephala

DATA

科 名	仙人掌科
原 产 地	美国得克萨斯州、新墨西哥州，墨西哥北部
生 长 型	夏型
浇 水	春季至秋季1周2次，冬季1个月1次
根 部	细根型
难 易 度	★★☆☆☆

　　只有"绫波"1个已知种，是一属一种的仙人掌。很早就被引入日本，因此，由日本人命名的"绫波"这个名字也为人熟知。

　　植株呈球状，单头，不能形成群生。会开出漏斗状的有白色花苞的粉色花朵。栽培方法可参照金琥属。

绫波（石化）
Homalocephala texensis f. monstrosa

"绫波"原产于美国西南部至墨西哥，这株是在生长点产生增生的石化株。"绫波"有时也会被认为属于金琥属。

裸萼球属
Gymnocalycium

DATA

科 名	仙人掌科
原 产 地	阿根廷、巴西、玻利维亚
生 长 型	夏型
浇 水	春季至秋季2周1次，冬季1个月1次
根 部	细根型
难 易 度	★★☆☆☆

这种来自南美洲的仙人掌，遍布阿根廷、巴西、玻利维亚的草原地带，约有70个已知种。多是直径4~15 cm的小型种，外形大多比较朴素，很早之前就大受偏好素雅型多肉的玩家的欢迎。

因为原生于草原地带，相比普通仙人掌来说，不喜强光，需水量也多一些。由于不太耐寒，冬季需移至室内，环境温度需保持在5 ℃以上。

冬季若在日照较好的地方进行管理，开花状况会较好；春季至秋季会长出纺锤状的花苞，然后陆续绽放。除了开红花的"绯花玉"（*Gymnocalycium baldianum*）和开黄花的"稚龙玉"（*Gymnocalycium netrelianum*）之外，大部分都是开白花。

"绯牡丹锦"等红色锦化的种类，因为缺乏叶绿素，栽培管理上比普通种类要难。整体红色的种类几乎没有叶绿素，无法独自存活，一般都要嫁接在"量天尺"（*Selenicereus undatus*）或"龙神柱"这样的砧木上才能生存。

翠晃冠锦 / 翠峰球锦
Gymnocalycium anisitsii f. variegata

"翠晃冠"的红黄斑纹的斑锦株。仙人掌的斑锦大多呈成片的斑块状，但图中这株是斑纹均匀分布的绝品。虽然是斑锦株，却很强健。

凤头
Gymnocalycium asterium

小巧紧凑的球体与极短的黑刺十分相称，看起来典雅美丽。

怪龙丸
Gymnocalycium bodenbenderianum

本种有很多不同类型。图中这株是形状好看、品相优秀的一种。这种扁平的外形很有魅力。

丽蛇丸
Gymnocalycium damsii

色泽鲜亮的极富魅力的球状仙人掌，表面凹凸不平。在裸萼球属中，本种是最喜欢弱光环境的，推荐在室内的窗边等地方栽培。

良宽
Gymnocalycium chiquitanum

"良宽"这个名字对应的学名有混淆的现象，在分类上似乎存在两种系统。图中这株是刺比较长的类型。

碧岩玉
Gymnocalycium hybopleurum var. *ferosior*

本种拥有裸萼球属中最粗壮的刺。与"斗鹫玉""猛鹫玉"等一样，均受到强刺爱好者的拥护。

绯牡丹锦
Gymnocalycium mihanovichii var. friedrichii f. variegata

图中的斑锦株长了鲜艳的红斑，又被称为"赤黑"。栽培不易，因为不耐阳光直射，需遮光管理。

绯牡丹锦（五色斑）
Gymnocalycium mihanovichii var. friedrichii f. variegata

红、绿、黄、橘、黑五色齐聚的"绯牡丹锦"，是非常美丽的斑锦株。图中这株直径约5 cm。

白刺新天地锦
Gymnocalycium saglione f. variegata

在裸萼球属中属于较大型的，单球可长至直径约50 cm，成为很有存在感的大型植株。图中这株的刺是白色的。

春秋之壶（一本刺）
Gymnocalycium vatteri

一般来说每个刺座上长1根刺，也有每个刺座上长2~3根刺的情况。"一本刺"中的优良品被称为"春秋之壶"。

乌羽玉属
Lophophora

DATA

科　　名	仙人掌科
原 产 地	墨西哥、美国得克萨斯州
生 长 型	夏型
浇　　水	春季至秋季1周2次，冬季1个月1次
根　　部	细根型
难 易 度	★★☆☆☆

　　原产于美国得克萨斯州至墨西哥一带，是只有3个已知种的小属。柔软的球体没有刺，呈现出毫无防备的姿态，但自身含有有毒成分，可防止鸟和其他动物采食。没有刺所以很容易管理，本身很强健，长期栽培能长成美丽的群生株。

▍翠冠玉
▍*Lophophora diffusa*

淡绿色的柔软表皮上，开着白色的小花。有一种意见认为，它与"白冠玉"(*Lophophora echinata* var. *diffusa*) 是不同的种。

▍乌羽玉
▍*Lophophora williamsii*

乌羽玉属的代表种。生长速度缓慢，但很强健，容易栽培。疣状突起的前端的毛注意不要浇上水。

▍银冠玉
▍*Lophophora williamsii* var. *decipiens*

稍小型的乌羽玉属植物。会开出可爱的粉色花朵。

乳突球属
Mammillaria

DATA

科　　名	仙人掌科
原 产 地	美国、墨西哥、南美洲、西印度群岛
生 长 型	夏型
浇　　水	春季至秋季2周1次，冬季1个月1次
根　　部	细根型
难 易 度	★☆☆☆☆

　　原产地以墨西哥为中心，是有超过400个种的大属。外形从球状到圆柱状都有，也有会爆出子株长成群生株的种类。刺的形状也各种各样。小型种很多，是收藏价值很高的仙人掌。"*Mammillaria*"有"长疣子"之意，因为刺大多是从疣状突起前端长出的，所以也被称为"长疣的仙人掌"。

　　开小花的种类比较多，有能轻松开花的种类，也有很难开花的种类。

　　总而言之，强健的种类偏多，算是很容易栽培的仙人掌。基本上，只要注意保持日照和通风良好，就能茁壮成长。日照充足的话，球体表皮的颜色会变得更加浓艳。

　　即使是强健的种类，夏季也要注意不能过于潮湿。浇水太多，或者太潮湿，都会导致腐败。尽量保持通风良好，是栽培成功的秘诀。

▌伊尔萨姆
Mammillaria bucareliensis 'Erusamu'

在"多毛龟甲殿"（*Mammillaria bucareliensis*）的基础上培育出的无刺品种，刺座上只会长出白色的小绒毛，初春时会开出粉色小花。

▌嘉文丸
Mammillaria carmenae

外形从球状到圆柱状都有。特征是一个个疣状突起的前端，长出无数呈放射状排列的细刺。春季时会开出白色和粉色的小花。

高崎丸
Mammillaria eichlamii

是以日本地名来命名的比较珍贵的仙人掌。是日本群马县的专业栽培家培育出的珍品。

金手指
Mammillaria elongata

细圆柱状的乳突球属植物，长着反向弯曲的细刺。会从植株基部爆出子株形成群生，石化株也很常见。

白鸟
Mammillaria herrerae

分布于墨西哥的乳突球属植物。纤细的白刺非常美丽。会从植株基部长出子株增生繁殖。花朵较大，雄蕊是美丽的绿色。

姬春星
Mammillaria humboldtii var. *caespitosa*

会长出一堆子株，形成圆顶状的群生株。春季会开出紫桃色的花朵。必须在日照充足的环境中培育。图中这株宽约10 cm。

劳依/雷云丸
Mammillaria laui

小型球体容易形成群生的乳突球属植物。春季至夏初会开出粉色小花。冬季日照充足的话，很容易结出花苞。

松针牡丹
Mammillaria luethyi

20世纪90年代再度被发现，会开出美丽的粉色大花。市面上的"松针牡丹"大多是嫁接而得的，但是这样倒也颇具趣味。

雅卵丸/魔美丸
Mammillaria magallanii

被淡粉色细刺包覆的小型乳突球属植物。很容易长出子株，形成漂亮的群生株。花瓣是白色的，有粉色的花蕊。

阳炎
Mammillaria pennispinosa

分布于墨西哥的乳突球属植物。红色的刺配上纤细的白毛，非常美丽。碰触的话刺或毛可能会脱落，要十分小心。属于栽培困难的仙人掌。

▎白星
Mammillaria plumosa

分布于墨西哥的乳突球属植物。雪一般的白色绒毛覆盖整个植株。为了不弄脏白毛，浇水时不要从植物头部往下浇。

▎松霞/多子球
Mammillaria prolifera

很早之前就存在的古典派仙人掌之一。非常耐寒，在日本关东以西地区可以在室外过冬。开花后会结出许多红色果实，可供赏玩。

▎银之明星
Mammillaria schiedeana f.

"明星"的白刺类型。虽比"明星"株型小，但是形成群生之后也会成为庞大的植株。会开出白色花朵，花朵不太醒目。

▎月影丸
Mammillaria zeilmanniana

虽然株型很小，却能开出许多花朵。若用实生法栽培则短期内就能开花，因此在园艺店等地方很常见，但是自己栽培就会有些难度。可以长出子株形成群生。

南国玉属
Notocactus

DATA

科 名	仙人掌科
原 产 地	墨西哥至阿根廷
生 长 型	夏型
浇 水	春季至秋季1周2次,冬季1个月1次
根 部	细根型
难 易 度	★★☆☆☆

又被称为"南翁玉属",现多将此属归并到锦绣玉属(*Parodia*)中。分布于墨西哥至阿根廷一带,有30余个已知种的球状仙人掌,后来又加入原本归属于金琥属的"金晃丸",形成了一个大家族。生长迅速,很快就能长成开花株开出花朵,也因此很快会老化,很少见到美丽的群生株。

照姬丸
Notocactus herteri

可开出美丽的大花,属于很强健、容易栽培的仙人掌。有很多长得很相像的近缘种。

金晃丸
Notocactus leninghausii

持续生长的话可长成直径约30 cm的圆柱状,会从植株基部长出子株形成群生。春季至夏季会开出直径约4 cm的黄色花朵。原本归于金琥属中,后来编入本属中。

红小町
Notocactus scopa var. *ruberri*

纤细的白色刺(毛)里夹杂着紫色的刺,显得格外美丽。虽是小型种,但是会爆出很多子株形成群生。

仙人掌属
Opuntia

DATA

科　　名	仙人掌科
原 产 地	美国、墨西哥、南美洲
生 长 型	夏型
浇　　水	春季至秋季1周2次，冬季1个月1次
根　　部	细根型
难 易 度	★★☆☆☆

　　拥有扁平的团扇状茎部的仙人掌。各种尺寸的都有，扁平状的茎节有的可以长到50 cm高，也有的小得只有指关节那么长。很强健，繁殖力也很强，容易栽培，如果放在日照和通风都良好的场所管理，很快就能长起来。用扦插的方法就可以轻松繁殖。

金乌帽子 / 黄毛掌
Opuntia microdasys

模样可爱的小型团扇状仙人掌。身上有很多小刺，被大量的小刺扎到还是会产生痛感，因此应避免触碰。

象牙团扇 / 白桃扇
Opuntia microdasys var. *albispina*

小型的团扇状仙人掌，会开出黄色小花，容易栽培。繁殖力很强，会从茎部端点长出许多新芽。

白鸡冠
Opuntia clavarioides f. *cristata*

外形独特的珍品，是"茸团扇"（*Opuntia clavarioides*）的缀化株。作为团扇状仙人掌的近亲，之前归于仙人掌属中，但是最近被编入圆筒掌属（*Austrocylindropuntia*）中。

升龙球属
Turbinicarpus

DATA

科 名	仙人掌科	
原产地	墨西哥	
生长型	夏型	
浇 水	春季至秋季1周2次，冬季1个月1次	
根 部	细根型	
难易度	★★☆☆☆	

　　也被称为"姣丽玉属"。在墨西哥分布有约10个已知种，均为小型仙人掌，可长成群生株。在原生地已濒临灭绝，属于《华盛顿公约》中的一类保护植物。通过自花授粉采集种子繁殖，在日本也轻松培育出了很多实生苗。

▍精巧殿
Turbinicarpus pseudopectinatus

植株由形状独特的刺座排列组成，十分美丽。没有刺，用手触碰也很安全。虽然生长缓慢，但都能长成美丽的植株，是很值得推荐的种类。

▍粉花丸
Turbinicarpus roseiflorus

小型植株，可形成群生，长有黑刺。会开出在这个属中罕见的可爱的粉色花朵。

▍弈龙丸 / 升龙丸
Turbinicarpus schmiedickeanus

是升龙球属的代表种，虽然是小型植株，但是长成群生株后很具观赏性。图中这株整体宽约15 cm。

长城丸
Turbinicarpus pseudomacrochele

原产于墨西哥的升龙球属仙人掌，刺座上的毛和弯曲的刺很特别。春季会开出花瓣稍大的粉色花朵。

乳胶球属
Uebelmannia

DATA

科 名	仙人掌科
原 产 地	巴西东部
生 长 型	夏型
浇 水	春季至秋季1周2次，冬季1个月1次
根 部	细根型
难 易 度	★★☆☆☆

也被称为"尤伯球属"。1966年发现的比较新的属，以发现者Werner J. Uebelmann（沃纳·J. 乌贝尔曼）的名字来命名。包含"黄刺尤伯球"和"栉刺尤伯球"等5~6个种，分布于巴西东部。

生长缓慢，十分强健，只要度过幼苗阶段就能顺利成长了。

黄刺尤伯球
Uebelmannia flavispina

刺是黄色的乳胶球属仙人掌，花是黄色的。图中这株宽约10 cm，继续生长的话会长成柱状。

栉刺尤伯球
Uebelmannia pectinifera

乳胶球属的代表种。夏季呈绿色，进入秋季开始红叶化（编者注：红叶化是指植株茎部、叶片等转变为红色、黄色等更为浓艳的颜色的现象），表皮会逐渐变紫，美得惊人。图中这株宽约10 cm。

皱棱球属
Aztekium

雪晃玉属
Brasilicactus

仙人柱属
Cereus

皱棱球属原本只有墨西哥发现的"花笼"(*Aztekium ritteri*)1个种，后来于1992年又发现了"欣顿花笼"，成了2个种的属。雪晃玉属也是一个只在巴西发现了2个种的小属，现多将此属归并到锦绣玉属(*Parodia*)中。仙人柱属分布区域较为广泛，属于柱状仙人掌。

▍欣顿花笼
▍*Aztekium hintonii*

1992年才发现的新种。虽然生长极为缓慢，但是栽培并不困难，顺利成长的话，高度和宽度都可长至近10 cm。

▍雪晃
▍*Brasilicactus haselbergii*

密生的白刺和朱红色的花朵形成鲜明的色彩对比，十分美丽。花期是春季和秋季。生长速度很快，很快就能长成开花株，但老化速度也很快。

▍金狮子
▍*Cereus variabilis* f. *monstrosa*

褐色的刺很柔软，经常由于石化而形成瘤状突起。冬季需移至室内管理，室温需保持在5 ℃以上。通过枝插法就能轻松繁殖。

老乐柱属
Espostoa

云峰球属
Krainzia

光山玉属
Leuchtenbergia

老乐柱属原产于秘鲁，是全身覆盖白毛的柱状仙人掌，目前有6个已知种。云峰球属原产于墨西哥，是仅有2~3个已知种的小属，植株一开始呈球状，然后逐渐生长为柱状。光山玉属目前仅在墨西哥有1个已知种，因为原生于杂草之间，因此培育环境应避免强烈阳光照射。

▌老乐柱
Espostoa lanata

全身覆盖细密白毛的柱状仙人掌。长长的白毛可遮蔽直射阳光，据说也可作为保温层抵御寒冷。

▌薰光殿
Krainzia guelzowiana 'Kunkouden'

属于仅有2~3个已知种的云峰球属。注意不要弄伤它软软的疣状突起。

▌光山
Leuchtenbergia principis

在日本也被称为"晃山"。光山玉属只有这1个种，有着如非仙人掌类多肉植物般的独特样子。也有人培育出它和强刺球属植物的杂交品种。

丽花球属
Lobivia

龙神柱属
Myrtillocactus

智利球属
Neoporteria

▌花镜球
Lobivia 'Hanakagamimaru'

丽花球属作为"花仙人掌"很有人气。虽然样子很土气，但是到了开花季节会美得令人惊诧。

丽花球属分布于阿根廷到秘鲁一带，是约有150个已知种的大属，属于多花性仙人掌，所以大多会开出美丽的花朵，十分受人喜爱。龙神柱属以"龙神柱"为代表，属于柱状仙人掌，在墨西哥有4个已知种。智利球属在智利约有20个已知种，属于中型球状仙人掌。

▌龙神柱（缀化）
Myrtillocactus geometrizans f. *cristata*

"龙神柱"的缀化株，外形奇特，十分有趣，不知何故在意大利特别有人气。很容易长介壳虫，需特别注意。

▌恋魔玉/银翁玉
Neoporteria coimasensis

灰色的锐刺魅力十足。随着生长会在球体顶部开出花朵。早春时，会抢在其他仙人掌之前开出美丽的粉色大花。

帝冠球属
Obregonia

山翁柱属
Oreocereus

帝龙球属
Ortegocactus

帝冠球属是原产于墨西哥的一属一种的球状仙人掌。山翁柱属原产于秘鲁、智利，是约有6个已知种的小型柱状仙人掌，长刺和长毛是其特征。帝龙球属只有原产于墨西哥的帝王丸1个已知种，整体呈黄绿色，是独特的一属一种的仙人掌。

▋帝冠
Obregonia denegrii

与岩牡丹属外形近似，是一属一种的仙人掌。幼苗时期生长缓慢、容易枯萎，生长至成球后则会强健很多。

▋狮子锦
Oreocereus neocelsianus

披挂着细如丝线的白色长毛的仙人掌，长着黄色锐刺。夏季开花，花是浅粉色的。盛夏时应放在背阴通风处培育。

▋帝王丸
Ortegocactus macdougallii

一属一种的独特的仙人掌。浅绿微泛黄色的凹凸不平的球体上长着小小的刺，会开出黄色的花朵。图中这株整体宽约10 cm。

斧突球属
Pelecyphora

丝苇属
Rhipsalis

薄棱玉属
Stenocactus

斧突球属是原产于墨西哥的小属。丝苇属分布于美国佛罗里达州至阿根廷一带，是约有60个已知种的森林性仙人掌，附生在树枝上；需避免强烈阳光照射，同时多浇水。薄棱玉属（旧属名为*Echinofossulocactus*）原产于墨西哥，约有30个已知种，球状且多棱是其特征。

▌精巧丸
Pelecyphora aselliformis

与升龙球属的"精巧殿"很相似，只是开花方式不同，这个种是在顶部开出粉色小花。

▌青柳
Rhipsalis cereuscula

丝苇属中的小型种。花朵很小不太起眼，但之后结的果实十分可爱精巧。

▌千波万波
Stenocactus multicostatus

如波涛般起伏的棱十分美丽，棱的数目据说是仙人掌中最多的。图中这株宽约10 cm。

独乐玉属
Strombocactus

有沟宝山属
Sulcorebutia

天晃玉属
Thelocactus

　　独乐玉属是一属一种的仙人掌，只有原产于墨西哥的"菊水"这1个已知种。有沟宝山属在玻利维亚有30多个已知种，属于小型球状仙人掌。天晃玉属约有20个已知种，分布于美国得克萨斯州至墨西哥一带，粗大的疣状突起和粗壮的刺是其特征。

▎菊水
Strombocactus disciformis

一属一种的独特的小型仙人掌。生长速度极为缓慢，用实生法栽培一年只长1~2 mm。长成图中这株这么大（直径约5 cm）需10年以上。

▎紫丽丸
Sulcorebutia rauschii

同种也有绿色的，相对来说紫色的更有人气。属名虽然是*Sulcorebutia*，却与子孙球属（*Rebutia*）有很大差异。

▎绯冠龙
Thelocactus hexaedrophorus var. *fossulatus*

被归类为"强刺仙人掌"。是长有颇具魅力的泛红长刺的仙人掌。经过选拔培育，刺的样子会愈来愈美，现在常可见到外形出色的植株。

— PART 3 —

番杏科

番杏科（Aizoaceae）以南非为中心，分布有1 000多个已知种。不过在日本，多肉爱好者多称其为"女仙"（Mesemb）。以肉锥花属、生石花属等叶片高度肉质化的"玉型番杏"为代表。大部分都会开出美丽的花朵，以花朵为观赏重点的种类在日本被称为"花物番杏"。

银丽玉属
Antegibbaeum

DATA

科 名	番杏科
原 产 地	南非
生 长 型	冬型
浇 水	秋季至春季2周1次，夏季1个月1次
根 部	细根型
难 易 度	★★☆☆☆

　　特征是叶片柔软肥厚。原产于南非，生长在干燥的砂砾土壤中。在日本是生长期为秋季至春季的冬型。在番杏科植物中属于非常强健、容易栽培的一类。冬季需保持温度在0℃以上。夏季需控制浇水量使其休眠。

■ 碧玉
Antegibbaeum fissoides

被归类为赏花型番杏科植物。早春时会开出许多紫红色的花朵。栽培时需注意保持较好的日照和通风条件。夏季要避免阳光直射，并进行遮光管理。

银叶花属
Argyroderma

DATA

科 名	番杏科
原 产 地	南非
生 长 型	冬型
浇 水	秋季至春季2周1次，夏季1个月1次
根 部	细根型
难 易 度	★★☆☆☆

　　在南非原开普省约有50个已知种，属名含义是"银白色的叶片"。叶片光滑且2枚交互对生，生长多年后会形成群生。叶片主要是青瓷色或青白色的，有的也带点红色。虽然是冬型，但是秋季至冬季的生长期如果过于潮湿，则叶片易破裂，需格外注意。

■ 宝槌石
Argyroderma fissum

原产于南非的银叶花属代表种。在本属中属于小型种，只有4 cm高。青白色的叶片对生排列，形成5~10头群生株。

叠碧玉属
Braunsia

DATA

科　　名	番杏科
原 产 地	南非
生 长 型	冬型
浇　　水	秋季至春季1周1次，夏季1个月1次
根　　部	细根型
难 易 度	★★★☆☆

　　在南非南部分布有5个已知种的小属。植物茎部向上或横向蔓延生长，长了很多肉质的叶片，冬季至早春会开出粉色花朵。夏季需放在通风处，避免强烈阳光照射，使其休眠。冬季应保持温度在0℃以上。

碧玉莲 / 碧鱼莲
Braunsia maximiliani

在本属中普及程度最高，人气也最高。小鱼般的小型叶片，是其名字的由来。茎部横向蔓延生长。早春时会开出直径约2 cm的桃红色花朵。

旭峰花属
Cephalophyllum

DATA

科　　名	番杏科
原 产 地	南非
生 长 型	冬型
浇　　水	秋季至春季2周1次，夏季1个月1次
根　　部	细根型
难 易 度	★★☆☆☆

　　原产于南非的小纳马夸兰地区至卡鲁地区，约有50个已知种。会开出黄色、红色、粉色等颜色的美丽花朵。

　　属于冬型，夏季时需要休眠，此时应减少浇水量并在阴凉处栽培。秋季可以使用枝插法繁殖。

皮兰西
Cephalophyllum pillansii

原产于南非的小纳马夸兰地区，会在地面匍匐群生，可开出直径6 cm的大型花朵。夏季时需在阴凉处栽培。

虾钳花属
Cheiridopsis

DATA

科 名	番杏科
原 产 地	南非
生 长 型	冬型
浇 水	秋季至春季2周1次，夏季1个月1次
根 部	细根型
难 易 度	★★★★★

含有大量水分的高度肉质化的番杏科植物。约有100个已知种，叶片有半圆状的，也有细长圆柱状的。秋季至春季是其生长季，基本上从梅雨季开始到8月中旬都要断水，夏季要避免阳光直射。另外，因为不喜欢潮湿，所以要注意通风。初秋时会脱皮长出新叶片。

布隆尼
Cheiridopsis brownii

会从植株基部长出裂成两半向外展开的肉质厚叶。从冬季到早春，会开出鲜艳的黄色花朵。脱皮期间要控制浇水量，放在阴凉处进行管理。

神风玉
Cheiridopsis pillansii

淡绿色的肥厚叶片十分讨人喜爱。冬季会开出直径约5 cm的花朵，大多是淡黄色，但也有可开出桃色、红色或白色花朵的栽培品种。栽培起来略有难度，夏季需少量浇水。

图碧娜
Cheiridopsis turbinata

叶片细长，前端尖细。虾钳花属中细长叶片的种类比半圆叶片的种类更易栽培，生长速度也更快。

肉锥花属
Conophytum

DATA

科　　名	番杏科
原 产 地	南非、纳米比亚
生 长 型	冬型
浇　　水	秋季至春季1~2周1次，夏季断水
根　　部	细根型
难 易 度	★★★★★

　　原产于南非至纳米比亚，是小型原始种众多的多肉植物家族。分类较难，目前尚不明确具体的种数。是番杏科的代表性多肉植物，2枚叶片合体呈现圆鼓鼓的样子，十分惹人喜爱，鲜艳的花朵也极具魅力。种类丰富，叶片的形态也很多样化，有球形、足袋（蹈趾与其余四趾分开的日式分趾袜）形、棋子形、马鞍形等不同形态。叶片的色彩、透明度、形状等根据种类不同而各有不同，非常激发人的收藏欲望。

　　生长期是秋季至春季。夏季休眠，初秋时会脱皮长出新叶片。大约5月时叶片会失去弹性，开始为脱皮做准备。生长期要在日照较好的场所进行管理，1~2周浇水1次即可。休眠期需移至通风良好的明亮背阴处。初夏开始要控制着少量浇水，夏季完全断水。换盆最佳时间是初秋，每2~3年换1次即可。换盆时，保留少许根部切下植株，放置2~3天待切口干燥后再进行栽种。

淡雪
Conophytum altum

原产于南非的小纳马夸兰地区，足袋形的小型种，群生，花为黄色的。叶片呈有光泽的绿色，无花纹。

少将
Conophytum bilobum

大型的叶片伸展呈足袋状的肉锥花属植物。水嫩柔软的质感极具魅力。秋季会开出黄色花朵。夏季栽培时要特别注意环境条件。

▎灯泡
Conophytum burgeri

圆滚滚的模样很讨喜,是颇有人气的肉锥花属植物。叶片呈带有透明感的美丽绿色。休眠期前会染上红色。夏季时特别容易腐烂,需特别注意。

▎梅布尔之火
Conophytum ectipum 'Mabel's Fire'

"天使"(*Conophytum ectipum*)系列是原产于南非的小型肉锥花属植物,有多种不同类型。图中这个品种原产于南非的小纳马夸兰地区,表面有脉络状花纹,会开出粉色花朵。

▎寂光
Conophytum frutescens

偏圆的足袋形的灰绿色肉锥花属植物。是初夏会开出橘色花朵的早开花种。与其他种相比,生长期需要稍微干燥些的环境。

▎群碧玉
Conophytum minutum

原产于南非西部,宽约1.5 cm的马鞍形肉锥花属植物。叶片的表面没有花纹,会在白天开出粉色的单瓣花朵。

翼 rex
Conophytum herreanthus ssp. *rex*

生长于南非的岩石地带的足袋形肉锥花属植物。白天开花，散发着美好的香气。"翼"（*Conophytum herreanthus*）在肉锥花属中算是比较独特的种。

肉锥花卡米斯
Conophytum khamiesbergensis

凹凸起伏的足袋形肉锥花属植物。经常会分头，形成半圆顶状的群生株。冬季会开出粉色花朵。在日本也被称为"京稚儿"。

阿图法戈
Conophytum lithopsoides ssp. *arturofago*

红肉锥（*Conophytum lithopsoides*）是原产于南美洲的小型肉锥花属植物，透明的叶窗十分美丽，很有人气。这里介绍的这个亚种，叶窗上有醒目的斑点。

玉彦
Conophytum obcordellum 'N.Vredendal'

与名字一样，是圆滚滚的肉锥花属植物，原产于南非原开普省。夜间会开出白色或乳白色的花朵。叶片有很多不同的形态。在日本也被称为"白眉玉"。

乌斯普路姬
Conophytum obcordellum 'Ursprungianam'

比p.95的"玉彦"斑点更大更鲜明的品种。白色的表皮上掺杂着大块的透明斑点，很美很有人气。

青春玉
Conophytum odoratum

别名为"青蛾"。有着圆滚滚的可爱模样的肉锥花属植物。整体都呈灰绿色，表面布满斑点。夜间会开出鲜艳的粉色花朵。

欧菲普雷逊
Conophytum ovipressum

叶片呈小巧的圆球形是其特征，随着生长，会从侧边长出许多子叶形成群生。叶片表面带有深绿色的斑点。

大纳言
Conophytum pauxillum

具群生性的马鞍形肉锥花属植物，叶片是深绿色的，还带点红色。夜间会开出白色花朵。在日本也被称为"细玉"。

勋章玉
Conophytum pellucidum

原产于南非，是高约2 cm的中型的马鞍形肉锥花属植物。因为有较多变种，所以叶窗有很多种模样，右边的"蝴蝶勋章"就是其中一个变种。

蝴蝶勋章
Conophytum pellucidum var. *terricolor*

叶片顶面稍微有些凹陷，整体呈浅紫褐色。深紫色的斑点有时会连接起来形成条状花纹。夜间会开出白色花朵。

翠光玉
Conophytum pillansii

分布于南非中西部的稍大型的肉锥花属植物。一般宽约2.5 cm。花基本上是粉色的，但有深浅不同的差别。

露果萨
Conophytum rugosum

小型的马鞍形肉锥花属植物。分成2瓣的顶部表面很平坦，是拥有漂亮叶窗的珍品。秋季会开出粉色或白色花朵。

小槌
Conophytum wettsteinii

生长在南非的岩石斜坡上，呈灰绿色球形或马鞍形。
开花较早，6~7月就会开出橙色花朵。

威廉二世
Conophytum wilhelmii

整体算球形，但顶面平坦呈棋子状。直径2~4 cm。
白天开花，会开出淡紫色大花。也有开黄色花朵的
类型。

墨小锥
Conophytum wittebergense

原产于南非，是顶面平坦的小型肉锥花属植物。有
很多不同类型，图中这株是叶窗上有唐草花纹的绿
色表皮的类型。

墨小锥
Conophytum wittebergense

图中这株是叶窗上的斑点不相连的类型。叶片是淡
蓝绿色的。开花比较迟，秋季到冬季会开出细小的
白色花朵。

爱泉
Conophytum 'Aisen'

在日本培育出的小型的足袋形肉锥花属植物。叶片
是绿色的，叶片边缘泛着一点点红色。

秋茜
Conophytum 'Akiakane'

小型的足袋形肉锥花属植物。白天开花，冬季会开
出黄色花朵。

极光
Conophytum 'Aurora'

肉质肥厚的足袋形肉锥花属植物。叶片顶部有红色
条纹。花是黄色的。是在日本培育出的杂交品种。

绫鼓
Conophytum 'Ayatuzumi'

很早之前就存在的美丽品种。顶面稍微有点凹陷，
斑点有一部分稍稍相连是其特征。花是肉粉色的。

红之潮
Conophytum 'Beni no Sio'

绿色的足袋形肉锥花属植物。白天开花,冬季会开出橘红色的美丽花朵。秋季至春季需一直在日照较好的场所培育。

冉空(红花)
Conophytum marnierianum

小型植株,呈较为圆滚滚的足袋形,由杂交而得(*Conophytum ectypum* × *bilobum*)。花一般是橘红色的,图中这株的花则呈比较偏正红色的深红色。

冉空(黄花)
Conophytum marnierianum

"冉空"的黄花类型。与右上方的红花类型属性一样,但更容易长成群生株。

银世界
Conophytum 'Ginsekai'

比较大型的白花品种,足袋形的肉锥花属植物。白天开花,会开出有光泽的白色花朵。花朵很大,也很有观赏性。

御所车
Conophytum 'Goshoguruma'

短短的心形叶片，以及卷曲的花瓣是其特征。6~8月需完全断水休眠。9月脱皮后可长至2~3倍大。图中这株宽约5 cm，高约2 cm。

花车
Conophytum 'Hanaguruma'

中型的足袋形肉锥花属植物，花朵呈螺旋状开放，是具代表性的卷花系品种。花整体呈橘红色，中心部分则是黄色的。

樱姬
Conophytum 'Sakurahime'

叶片肥厚的足袋形品种，小型肉锥花属植物。淡紫色的花朵，中心部分是白色和黄色的。基本不会群生。是在日本培育出的杂交品种。

神乐
Conophytum 'Kagura'

淡绿色，典型的足袋形肉锥花属植物。是在日本培育出的中型肉锥花属植物。

▎桐壶

Conophytum ectypum var. *tischleri* 'Kiritubo'

是 *Conophytum ectypum* var. *tischleri*（中文名未命名）系列中的大型优良品种。叶片略带点黄色，顶面的线状花纹清晰鲜明，十分美丽。

▎黄金之波

Conophytum 'Koganenonami'

足袋形肉锥花属植物，绿色的叶片点缀着一抹红色，是十分美丽的品种。白天开花，花是橘红色的。

▎小平次

Conophytum 'Koheiji'

马鞍形的小型肉锥花属植物，表面布满小点。夜间开花，冬季夜里会开出花瓣细小的小花，并散发出幽微的香气。

▎明珍

Conophytum 'Myouchin'

可长至高约 6 cm 的大型的足袋形肉锥花属植物。也有顶部分为 3 瓣的情况。叶片边缘有红色的镶边。从夏季到秋季会开出橙红色的花朵。

歌剧玫瑰
Conophytum 'Opera Rose'

小型的足袋形肉锥花属植物。会开出鲜艳的桃红色大花，很有人气。

王将
Conophytum 'Oushou'

在肉锥花属中属于大型的足袋形杂交品种。会开出美丽的橘色花朵。

佐保姬
Conophytum 'Sahohime'

在卵形系中，"佐保姬"能开出少见的紫红色的美丽花朵。叶片是绿色的，表面无斑点。很容易形成群生，是在日本培育出的小型杂交品种。

圣像
Conophytum 'Seizou'

卵形系的中型肉锥花属植物。叶片是绿色的，表面无斑点。花是橘色的，不太容易形成群生。是在日本培育出的杂交品种。

▌信浓深山樱
Conophytum 'Shinanomiyamazakura'

大型的足袋形肉锥花属植物，会开出美丽的粉色大花。花的直径约为3 cm，白天开花夜间闭合。图中这株整体宽约8 cm，高约5 cm。

▌白雪姬
Conophytum 'Shirayukihime'

无明显特征的足袋形肉锥花属植物。在日本培育出的杂交品种，会开出白色的清丽花朵。

▌静御前
Conophytum 'Shizukagozen'

马鞍形肉锥花属植物。花瓣中心部分是白色的，尖端是粉紫色的，花瓣很细，花朵较大。因为花朵美丽而人气较高。

▌天祥
Conophytum 'Tenshou'

形状较圆的马鞍形肉锥花属植物。白天开花，会开出白色或粉色的美丽大花。细长花瓣、大型花朵的代表性品种。

花水车
Conophytum 'Hanasuisha'

足袋形的肉锥花属植物，属于花朵呈螺旋状的卷花系。花色是卷花系中少见的紫色，与中心的橙色雄蕊形成对比，相当美丽。不太容易形成群生。

花园
Conophytum 'Hanazono'

图中这株是用实生法栽培的。是形态众多的"花园"的其中一种，魅力点是鲜艳的花色。本来"花园"在开花初期到中期花瓣几乎不会出现黄色，可图中这株花瓣却微微透出黄色。

龙幻玉属
Dracophilus

DATA

科　　名	番杏科
原 产 地	南非
生 长 型	冬型
浇　　水	秋季至春季2周1次，夏季1个月1次
根　　部	细根型
难 易 度	★★☆☆☆

　　在南非的西南海岸地区分布有4个已知种。青瓷色或青绿色的肉质叶片，两两成对生长。很快就能形成小型群生株，开出淡紫色的花朵。生长型为冬型，冬季需保持室温在0 ℃以上。

蒙缇思德拉库尼斯
Dracophilus montis-draconis

分布于纳米比亚至南非的部分地区，是龙幻玉属的代表种。叶片青绿色，长3~4 cm，带有小小的锯齿。冬季叶片会变为红色的，花是淡紫色的。

露子花属
Delosperma

DATA

科　　名	番杏科
原 产 地	南非
生 长 型	夏型
浇　　水	春季至秋季1周1次，冬季1个月1~2次
根　　部	细根型
难 易 度	★★☆☆☆

　　非常强健，露天栽培时不用特别照顾就能长得很好，所以经常被用作地被植物。开花性较好，只要条件适宜一年四季都能开花。非常耐寒，也被称作"耐寒性松叶菊"。

▌夕波/丽人玉
Delosperma lehmannii

圆鼓鼓的叶片两两对生，形成塔状植株。最近市面上已出现了带有美丽黄斑的斑锦株。

▌斯帕曼
Delosperma sphalmantoides

长有小小的棒状叶片，大多会形成群生，冬季会开出美丽的粉色花朵。夏季要放在通风良好的场所，保持稍干燥的状态进行管理。

▌细雪
Delosperma pottsii

茎部经常分叉，不断长出小小的肉质叶片形成群生。会开出白色的小花。

虎颚花属
Faucaria

DATA

科　　名	番杏科
原 产 地	南非
生 长 型	冬型
浇　　水	秋季至春季1周1次，夏季断水
根　　部	细根型
难 易 度	★☆☆☆☆

其特征是叶片边缘长着许多锯齿状的刺。虽然相对来说容易栽培，但对高温多湿的环境不太耐受，因此，夏季断水或尽量少浇水是管理的关键，另外也需注意不要淋雨。原生地是比较温暖的环境，因此冬季需移至室内进行管理。

▍严波
Faucaria sp.

带刺的三角形叶片层层重叠，呈现出非常有趣的外形。秋季至冬季会开出比较大的黄色花朵。

窗玉属
Fenestraria

DATA

科　　名	番杏科
原 产 地	南非
生 长 型	冬型
浇　　水	秋季至春季2周1次，夏季断水
根　　部	细根型
难 易 度	★★★★☆

长有圆柱状的叶片，在原生地据说只有叶片顶部的叶窗会伸出地面，其余部分则埋在土下，但在日本则不能植入过深，否则会因过度潮湿而导致腐烂。对于高温潮湿的环境特别不耐受，夏季需完全断水管理且不能淋雨。生长期是秋季至春季，需放置在通风的场所，并且控制浇水量。

▍五十铃玉/橙黄棒叶花
Fenestraria aurantiaca

日照不足、浇水过多会导致徒长，并且容易腐烂。请在日照充足的环境中培育。秋季至冬季会开出黄色的花朵。

藻玲玉属
Gibbaeum

DATA

科　　名	番杏科
原产地	南非
生长型	冬型
浇　　水	秋季至春季2周1次，夏季断水
根　　部	细根型
难易度	★★☆☆☆

　　对生的叶片会从中央裂开，并从裂开处长出新的叶片。有球形叶片的、细长叶片的等约20个已知种。在冬型的番杏科植物中算是较易栽培的，但是夏季最好完全断水使其休眠，会更安全。很容易分头，因此繁殖也容易。

无比玉
Gibbaeum dispar

绿色表皮上撒了一层白粉般的多肉植物。呈现这样的外观，是因为表面长了一层绒毛。秋季至冬季会开出粉色的花朵。

舌叶花属
Glottiphyllum

DATA

科　　名	番杏科
原产地	南非
生长型	冬型
浇　　水	秋季至春季1周1次，夏季1个月1次
根　　部	细根型
难易度	★☆☆☆☆

　　本属在南非约有60个已知种。大部分都长着三棱状或舌状的肉质叶片，会开出黄色的美丽花朵。在冬型的番杏科植物中算是较易栽培的，较能耐暑热，温暖地区的冬季放在室外依然可以生长。比较强健，容易繁殖。

长宝绿
Glottiphyllum longum

会在肉质叶片中间开出黄色的花朵。比较耐寒，在日本关东以西地区，即使冬季也能在室外栽培。

瑕刀玉属
Ihlenfeldtia

DATA

科　　名	番杏科
原 产 地	南非
生 长 型	冬型
浇　　水	秋季至春季2周1次，夏季断水
根　　部	细根型
难 易 度	★★☆☆☆

　　近年才从虾钳花属中分离出来的新属，在南非约有3个已知种。与虾钳花属一样，都有对生的肉质叶片，会从叶片中间开出有光泽的黄色花朵。日本市面上常见的大致只有"丽玉"这1个种。

▌丽玉
Ihlenfeldtia vanzylii

原产于南非西南部，在当地会长成石头堆一般的群生株。高约5 cm，会开出黄色的花朵。

魔玉属
Lapidaria

DATA

科　　名	番杏科
原 产 地	南非、纳米比亚
生 长 型	冬型
浇　　水	秋季至春季1周1次，夏季1个月1次
根　　部	细根型
难 易 度	★★☆☆☆

　　分布于南非至纳米比亚海拔660~1 000 m的干燥地带，仅有魔玉1个种，是一属一种的多肉植物。通常一年会长出2~3对泛白的肉质叶片。冬季会开出黄色的花朵，持续生长的话可长成群生株。

▌魔玉
Lapidaria margaretae

看起来很像裂开的石头，是样子很独特的多肉植物。生长速度缓慢，要形成大型群生株需用很长时间。

生石花属
Lithops

DATA

科 名	番杏科	
原 产 地	南非、纳米比亚等	
生 长 型	冬型	
浇 水	秋季至春季2周1次，夏季断水	
根 部	细根型	
难 易 度	★★★★☆	

　　原产地以南非、纳米比亚为中心，是已知种很多的被称为"活宝石"的"玉型番杏"。个体变异的情况很常见，因此无法得到准确的种数目。一对叶片和茎部合体的奇妙样子是其特征，这是为了保护自身免受动物啃食而进化的结果，即伪装成石头的拟态。顶部是长着花纹的叶窗，这也是吸收光线的地方。有红色、绿色、黄色等各种颜色和不同花纹，有很多种类在市面上流通，也是收藏性较高的一个属。

　　生长期是秋季至春季，夏季是休眠期。喜光，因此需要在日照和通风均较好的场所进行管理。夏季应移至遮光、凉爽的半阴处实行断水管理。虽然表面会失去光泽，但在秋季到来之前都不能浇水。一般秋季会脱皮长出新叶片。即使是在冬季的生长期，浇水过多也会导致腐烂，尽量保持稍微干燥的状态会生长更好。

▌日轮玉
Lithops aucampiae

红褐色的叶片，顶面有黑褐色的花纹。在生石花属中属于容易栽培的。经常脱皮，是很容易繁殖的普通种。秋季会开出黄色的花朵。

▌柘榴玉·格劳蒂娜
Lithops bromfieldii var. graudinae

顶面带有红色的花纹，有很明显的不规则沟槽。中型种，可长成10头以上的群生株。属于"柘榴玉"系列，夏季会开出黄色的花朵。

黄鸣弦玉
Lithops bromfieldii var. *insularis* 'Sulphurea'

呈鲜艳的黄绿色，顶面有深褐色的花纹，单株株型小，比较容易形成群生。初秋会开出金黄色的花朵。

神笛玉
Lithops dinteri

原产于纳米比亚的生石花属植物，秋季会开出鲜艳的黄色花朵。叶窗部分的红色花纹是其特征，有许多不同形态的个体。

丽虹玉
Lithops dorotheae

呈灰绿略泛红的颜色，顶面有深褐色的花纹。圆滚滚的叶片直立生长，很容易形成群生。秋季会开出黄色的花朵。

圣典玉
Lithops framesii

大型种，侧面是灰绿色的，顶面有浅色花纹。容易形成群生，在生石花属中算是大型植株。晚秋时会开出白色的花朵。

▌乐地玉
Lithops fulviceps var. *lactinea*

"微纹玉"(*Lithops fulviceps*)的变种。扁平球体的顶面很平坦，近乎圆形。错落的细微点状花纹是其特征。会开出深黄色的花朵。

▌双眸玉
Lithops geyeri

绿色系的生石花属植物，顶面有深绿色的点状花纹。秋季会开出白色的花朵。不耐受过于潮湿的环境，特别是夏季，一定要放在通风良好的场所。

▌巴里玉
Lithops hallii

顶面有红褐色网状花纹，十分美丽，会开出大型的白色花朵。日照不足时会纵向生长，破坏整体形状。

▌青磁玉
Lithops helmutii

叶片呈通透的亮绿色的生石花属植物。容易形成群生，能长成大型植株。晚秋会开出黄色花朵。

赤褐富贵玉

Lithops hookeri var. *marginata* 'Red-Brown'

正如其名，全身都是赤褐色的。叶窗部分像长了皱纹一样，是很有趣的品种。秋季会开出黄色的花朵。

福来玉

Lithops julii var. *fulleri*

叶窗部分有仿佛裂纹一样的花纹。秋季会开出白色的花朵。也有比较偏红色的"红福来玉"和偏茶色的"茶福来玉"。

琥珀玉

Lithops karasmontana ssp. *bella*

顶面略泛黄色且褐色条状花纹非常鲜明的中型种，常为群生形态。花是白色的。表皮呈红色的变种被称为"赤琥珀"。

纹章玉

Lithops karasmontana var. *tischeri*

"花纹玉"（*Lithops karasmontana*）系列的中型生石花属植物。顶面平坦，裂口较浅，叶片贴合。会形成15头左右的群生株。

▍红窗玉
Lithops karasmontana 'Top Red'

鲜艳的红色花纹十分抢眼，是"花纹玉"的改良品种。顶面平坦，形状端正好看。花是白色的。

▍紫勋
Lithops lesliei

很早之前就为人熟知的种。红色系的扁平大型种，单株直径可达约5 cm。顶面布满黑褐色的细纹。初秋时会开出黄色的花朵。"紫勋"有很多变种及栽培品种。

▍小型紫勋
Lithops lesliei var. *minor*

"紫勋"的小型变种，可分头至30头以上。颜色与"紫勋"相同。叶窗是半透明的，有细小树枝样的花纹，同时交杂散布着无数的斑点。

▍白花黄紫勋
Lithops lesliei 'Albinica'

有着美丽的黄绿色，"紫勋"的一个栽培品种。

宝留玉
Lithops lesliei var. *hornii*

"紫勋"的中大型变种，可分头至15头左右。裂口较浅，顶面平坦。

金伯利紫勋
Lithops lesliei 'Kimberly form'

原产于南非金伯利地区，叶窗上的细小花纹是其特征。

紫褐紫勋
Lithops lesliei 'Rubrobrunnea'

整体呈美丽的深桃褐色，叶窗呈半透明的暗灰绿色。

瓦伦顿紫勋
Lithops lesliei 'Warrenton'

单株直径可达约5 cm。会开出直径3~4 cm的美丽花朵。

绚烂玉
Lithops marthae

别名为"春雷玉"。黄绿色的顶面稍稍鼓起，是与众不同的生石花属植物。花是黄色的。

红橄榄
Lithops olivacea var. *nebrownii* 'Red Olive'

呈美丽的紫红色，很有人气的生石花属植物。叶窗部分花纹甚少，透明感十足。也被称为"红橄榄玉"。

红大内玉
Lithops optica 'Rubra'

原产于纳米比亚的"大内玉"的栽培品种，全身都呈有透明感的红色。叶窗部分没有花纹。花是白色的，花瓣尖是粉色的。

大津绘
Lithops otzeniana

拥有绿色至褐色渐变的叶片，略显圆鼓鼓的叶窗部分有较大的点状花纹。秋季会开出直径约 2 cm 的黄色花朵。

丽春玉
Lithops peersii

中型种，会长成6~8头。顶面散布着青绿色的透明斑点，没有明显的叶窗。

瑞光玉
Lithops dendritica

叶窗部分有树枝样花纹的生石花属植物。大多数生石花属植物都在秋季开花，但是本种大多在春季至夏季开花。

李夫人
Lithops salicola

灰绿色表皮的叶片直立生长，在生石花属中属于容易栽培的。顶面有茶色条纹和黄色斑点。秋季会开出白色花朵。

紫李夫人
Lithops salicola 'Bacchus'

别名为"酒神巴克斯"。整体呈紫色的美丽品种，透明的叶窗特别好看。秋季会开出清丽的白色花朵。

深窗玉
Lithops salicola 'Maculate'

"李夫人"的中小型栽培品种，又被称为"花纹李夫人"。单枚叶片呈长长的倒圆锥状，经常爆小头，可形成50头以上的群生株。

碧胧玉
Lithops schwantesii var. *urikosensis*

灰褐色的生石花属植物。顶面平坦呈圆形，带有红色花纹。花为黄色的。

古列米
Lithops schwantesii ssp. *gulielmi*

顶面较平坦，带有透明感的淡茶色表皮上有深茶色的花纹，十分美丽。是"招福玉"(*Lithops schwantesii*)的亚种。

碧琉璃
Lithops terricolor 'Prince Albert form'

叶窗上有着细微花纹的美丽品种，也被称为"艾伯特王子"。秋季会开出鲜艳美丽的黄色花朵。

风铃玉属

Ophthalmophyllum

DATA

科 名	番杏科
原 产 地	南非
生 长 型	冬型
浇 水	秋季至春季2周1次，夏季断水
根 部	细根型
难 易 度	★★★★★

　　原产于南非原开普省周边，约有20个已知种，是小型的"玉型番杏"。由一组对生叶片构成圆柱状植株，与肉锥花属很近似。最近也有人认为可归为肉锥花属。叶片有绿色、粉色、红色等颜色，叶片顶部的透明叶窗又大又美，十分有人气。花朵很美丽，已有许多栽培品种。

　　性质和栽培方法与肉锥花属几乎相同。生长良好的话，会从对生叶片中间再长出2组对生叶片，很难形成群生。繁殖基本都是用实生法。

　　生长期是秋季至春季，夏季需断水使其休眠。休眠时需避免阳光直射，在凉爽的背阴处进行管理。虽然不算是不耐寒的种类，但是冬季还是移至室内更安全。最好放在阳光直射的窗边等场所，会长得更好。

　　大多数是秋季开花，有白天开花的，也有夜间开花的。

▎风铃玉
Ophthalmophyllum friedrichiae

很早之前就为人熟知，鲜艳的红铜色非常引人注目。顶面稍微鼓起，有大大的叶窗。盛夏时要避免强烈阳光照射。

▎小伍迪
Ophthalmophyllum littlewoodi

原产于南非西北部。表皮呈晶莹美丽的绿色，非常有人气。花是白色的，不容易分头。

▌白拍子
Ophthalmophyllum longm

有着透明的叶窗，十分美丽。秋季至冬季会开出白色至淡粉色的花。要控制浇水量，即使是生长期，若浇水过多也会导致叶片裂开。

▌丽迪雅
Ophthalmophyllum lydiae

原产于南非，有美丽的绿色叶窗。原始种很难获得，市面上常见的都是由杂交而得的。图中这株看起来也是由杂交而得的。

▌秀铃玉
Ophthalmophyllum schlechiteri

秋季会开出淡粉色等浅色的花朵。与"风铃玉"很像，都有着透明的叶窗，十分美丽。栽培方法也相同，夏季时要断水休眠。

▌稚儿舞
Ophthalmophyllum verrucosum

淡茶色的表皮上有深茶色的斑点，叶窗部分有透明感。花是白色的，不太容易形成群生。

怪伟玉属
Odontophorus

DATA

科　　名	番杏科
原 产 地	南非
生 长 型	冬型
浇　　水	秋季至春季1周1次，夏季断水
根　　部	细根型
难 易 度	★★☆☆☆

　　原产于南非西北部的小纳马夸兰地区，是仅有5~6个种的小属，本属植物在日本均被命名为"妖鬼""骚鬼""笑鬼""欢鬼"等这种很有趣的名字。会开出白色或黄色的花朵。夏季需放在背阴处断水管理。冬季需放在日照较好的室内，温度需保持在5℃以上。

▌骚鬼
Odontophorus angustifolius

边缘长着锯齿的叶片左右交错展开。容易横向蔓延，经常呈群生状态。会开出美丽的黄色花朵。

光琳菊属
Oscularia

DATA

科　　名	番杏科
原 产 地	南非
生 长 型	冬型
浇　　水	秋季至春季1周1次，夏季1个月2次
根　　部	细根型
难 易 度	★☆☆☆☆

　　原产于南非开普半岛，是只有几个已知种的小属。因为体质强健、花朵美丽，"白凤菊""琴爪菊"（*Oscularia caulescens*）等种类很早之前就已有栽培。茎部会向上生长形成灌木状。虽然是冬型，但是也耐暑热，所以有时也被归为夏型。

▌白凤菊
Oscularia pedunculata

像覆盖着白粉般的肥厚肉质叶片十分美丽，属于赏花型番杏科植物。春季会开出粉色的美丽花朵。茎部很容易伸长，所以要经常掐尖让侧枝长得更好。

对叶花属
Pleiospilos

DATA

科 名	番杏科	
原 产 地	南非	
生 长 型	冬型	
浇 水	秋季至春季2周1次，夏季断水	
根 部	细根型	
难 易 度	★★★★★	

　　圆滚滚的叶片带有点状花纹的"玉型番杏"。想要叶片肥厚圆润，春季和秋季的生长期保证充足的日照是关键。这段时期如果日照不足，就会造成生长停滞，花也会开不好。夏季则需移至通风良好的凉爽处进行断水管理。

▌明玉
Pleiospilos hilmari

淡红色表皮带有深绿色斑点的小型种，叶片长约3 cm。会开出黄色大花。从4月左右开始要逐步减少浇水量，为度夏做好准备。

▌帝玉
Pleiospilos nelii

番杏科中比较大型的种，直径约5 cm，外形简直和石头一样。耐暑性和耐寒性都很高，冬季在室外也能生长。栽培重点是需日照充足。

▌红帝玉
Pleiospilos nelii var. *rubra*

"帝玉"的红叶化（见p.81）变种，也被称为"紫帝玉"。花是紫色的。与"帝玉"基本种相比算是较难栽培的。

角鲨花属
Nananthus

DATA

科　　名	番杏科
原 产 地	南非
生 长 型	冬型
浇　　水	秋季至春季2周1次，夏季1个月1次
根　　部	细根型
难 易 度	★★☆☆☆

　　也被称为"平原玉属"。原产于南非中部，是约有10个已知种的小属。长着横截面为三角形的叶片，会开出白色、黄色或黄色带红色条纹的花朵。植株基部长着块状的粗茎，长年栽培的话会长成粗壮有气势的样子。

▎白夜之花
Nananthus aloides

原产于南非中部。植株基部形成粗大的块茎，可长成宽约12 cm的群生株。生长非常缓慢，图中这株已经长了约15年。冬季会开出黄色的花朵。

仙宝木属
Trichodiadema

DATA

科　　名	番杏科
原 产 地	南非
生 长 型	冬型
浇　　水	秋季至春季2周1次，夏季1个月1次
根　　部	细根型
难 易 度	★★☆☆☆

　　在南非广泛分布着约50个已知种的大属，叶片较小且前端有细刺。花有红色、白色、黄色等多种颜色。长年栽培的话根茎会变肥大呈块状，长成别具趣味的植株。非常耐寒，冬季可在室外栽培。

▎紫晃星
Trichodiadema densum

会开出美丽的粉色花朵，长年栽培的话根茎会变肥大呈块状。比较耐寒，在日本关东以西地区可以在室外过冬。

PART 4

景天科

多肉植物中最具代表性的一个科。世界各地约有1 400个已知种。虽然包含多种不同的属，但是茎部短小、肉质叶片呈莲座状展开的石莲花属和长生草属等较有人气。叶片特别肥厚的景天属和厚叶莲属等也很讨人喜欢，强健且容易繁殖，经常被用作混栽的搭配植物。

天锦章属
Adromischus

DATA

科　名	景天科
原 产 地	南非
生 长 型	春秋型
浇　水	春季和秋季1周1次，夏季和冬季3周1次
根　部	细根型
难 易 度	★★☆☆☆

　　原产于南非，约有30个已知种，奇妙的外形和个性化的叶片斑点使其充满魅力。常发生变异，种类丰富，可收集性高，因而人气很高。高约10 cm的小型种较多，生长也很缓慢。花朵有点土气，不太显眼。叶片的花纹和颜色，会因栽培环境而发生变化。

　　强健的种类较多，放在日照和通风都较好的场所进行管理，就可以轻松栽培。生长期为春季和秋季，夏季要休眠。

　　夏季需避免阳光直射，盛夏时要在遮光20%～30%的半阴处栽培。放在室内的话，建议放在挂有蕾丝窗帘的窗边。夏季要控制浇水量。比较耐寒，在日本关东以西地区可在室外过冬。

　　利用枝插法或叶插法就可以简单繁殖，最好在初秋进行。最合适的换盆时间也是初秋。

▎库珀天锦章
Adromischus cooperi

胖乎乎的肥厚叶片的前端呈波浪状，叶片上带有红色斑点是其特征。除基本种外，也有植株低矮、叶片滚圆的类型，另外也有叶片颜色偏白的类型。

▎达摩天锦章
Adromischus cooperi f. compactum

"库珀天锦章"的极圆叶片类型。

天章/神想曲
Adromischus cristatus

艳绿色的斧头状叶片向外展开的天锦章属植物。叶片上没有花纹，叶片前端呈波浪状。持续生长的话茎部会长出微小的气根。

球棒天章/达摩神想曲
Adromischus cristatus var. *schonlandii*

长着从卵形过渡至球杆形的肉质叶片。春季和秋季是主要生长期，不耐暑热，夏季管理时需特别注意。

皱叶天章
Adromischus cristatus var. zeyheri

"天章"系列中叶片较薄且呈波浪状的类型。十分强健，容易栽培。

长绳串葫芦/长叶天章
Adromischus filicaulis

图中这株长着前端很尖的圆柱状叶片，带有红铜色的斑点。"长绳串葫芦"有银灰色叶片或绿色叶片等不同类型，变化丰富。图中这株的深色斑点非常美丽。

长绳串葫芦/长叶天章
Adromischus filicaulis

图中这株是"长绳串葫芦"的一种类型，白色的叶片上带着芝麻般的黑色小点是其特征。

松虫
Adromischus hemisphaericus

茎下部呈块状，长着许多鼓鼓的圆形叶片。绿色叶片上带有美丽的斑点。

雪御所
Adromischus leucophyllus

覆盖一层白粉的叶片有着独特的魅力，白粉可能因触碰或浇水而掉落，所以要格外注意。新芽是红色的，表面没有白粉。夏季需休眠。

御所锦
Adromischus maculatus

与叶片颜色对比强烈的斑点很美丽，相对来讲比较薄的圆形叶片是其特征。叶片斑点很小且颜色更深的类型被称为"黑叶御所锦"。

玛丽安水泡
Adromischus marianae

"玛丽安水泡"经常发生变异，图中这株是极具代表性的类型。叶片上的斑点十分美丽，很有人气。初夏时花茎会伸长，开出白色的花朵。

太平乐 / 朱唇石
Adromischus marianae var. *herrei*

表面有许多疣状突起的肉质叶片样子奇妙，长5 cm左右。秋季至春季是生长期，夏季需断水管理。根据叶色的特征可分为数种不同的类型。

绿之卵
Adromischus marianae var. *immaculatus*

"玛丽安水泡"的变种，幼苗期与"银之卵"很相似。叶片前端呈茶色，叶片表面比"银之卵"平滑一些。

银之卵
Adromischus marianae 'Alveolatus'

硬质叶片表面凹凸不平，好像被绒毛覆盖般的卵形叶片上有一些浅浅的沟槽。秋季至春季是生长期，生长速度缓慢，很难管理。

▌马丁水泡
▌ *Adromischus marianae* 'Bryan Makin'

英国人Bryan Makin(布赖恩·梅金)培育的栽培品种。倒三角形的厚叶片是其特征。

▌银波天章
▌ *Adromischus schuldtianus*

与"玛丽安水泡"一样,有很多不同的变异类型。茎部不会伸长,叶片也不太厚。会从植株基部生出子株形成群生。

▌花叶扁天章
▌ *Adromischus trigynus*

白色叶片上带有褐色斑点是其特征。与"玛丽安水泡"有相似之处,但是叶片更薄也更宽。

▌ES杯
▌ *Adromischus* 'Escup'

茎部可直立生长至约20 cm高,之后会倾倒长出分枝,形成群生。在天锦章属中属于容易栽培的,比较强健。

莲花掌属
Aeonium

DATA

科　名	景天科
原产地	加那利群岛、北非等
生长型	冬型
浇　水	秋季至春季1周1次，夏季1个月1次
根　部	细根型
难易度	★★☆☆☆

叶片密密重叠呈莲座状是其特征。冬季应放在日照充足的窗边。夏季应放在室外通风良好的凉爽之处，控制浇水量。因为茎部大多会木质化，所以可以长成较大型的植株。需注意冬季日照不足会导致徒长。徒长的植株可通过枝插法再生。

▍黑法师
▎*Aeonium arboreum* 'Atropurpureum'

黑色叶片泛着光泽的颇有人气的莲花掌属植物。能长成1m左右的大型植株，春季会开出黄色的花朵。最好放在日照充足的凉爽之处进行管理。

▍艳日伞
▎*Aeonium arboreum* ' Luteovariegatum'

"莲花掌"（*Aeonium arboreum*）的斑锦品种，带着淡黄色的覆轮斑。中型植株，高约50 cm。有时会产生返祖现象而叶片变回绿色。

▍拉丝锦法师
▎*Aeonium arboreum* var. *rubrolineatum*

深紫色的叶片上长着美丽的斑纹，这些都是自然斑纹，不是突然变异产生的。随着生长，茎部也会直立向上延伸。

▌山地玫瑰
Aeonium aureum

呈莲座状的叶片密密重叠在一起是其特征。不耐夏季的高温和强光，所以需放在阴凉处管理。1995年被编入莲花掌属。

▌笹之露
Aeonium dodrantale

夏季时叶片会闭合休眠，秋季时叶片会再次张开。容易长出很多腋芽，可以切下来进行繁殖。1995年被编入莲花掌属。

▌光源氏/蓬莱阁
Aeonium percarneum

被白粉覆盖的粉色叶片非常美丽。随着生长，茎部会直立向上伸长如小树状。会开出很多粉色小花。

▌桑氏莲花掌
Aeonium saundersii

叶片在茎枝前端呈莲座状排列，宛如花朵盛放一般。夏季休眠期，叶片会闭合起来呈球状。

▍小人祭
Aeonium sedifolium

植株上长着很多长约1 cm的肉质叶片，可群生而呈丛生状。叶片在红叶化(见p.81)时期会染上橘色。冬季需放在明亮的室内进行管理。

▍明镜
Aeonium tabuliforme

长着细微绒毛的叶片层层叠叠，像盘子一样平平地展开，是形状相当奇特的莲花掌属植物。植株较低，若持续生长直径可达约30 cm。

▍曝日
Aeonium urbicum 'Variegatum'

大型植株，绿叶边缘带有亮黄色斑纹。在春季和秋季的生长期，叶片会红叶化，更显美丽。持续生长的话，会在夏季开出淡奶油色的花朵。

▍紫羊绒
Aeonium 'Velour'

"黑法师"和"香炉盘"(*Aeonium canariense*)的杂交品种，很耐暑热，属于容易培育的品种。会从植株基部长出许多子株，冬季可使用枝插法进行繁殖。也被命名为 *Aeonium* 'Cashmere Violet'。

银波木属
Cotyledon

DATA

科　　名	景天科
原 产 地	南非
生 长 型	夏型
浇　　水	春季至秋季1周1次，冬季1个月1次
根　　部	细根型
难 易 度	★★★☆☆

　　原产地以南非为中心，约有20个已知种。肥厚的叶片形态各异，有的冬季会变色，有的表面覆盖着白粉，有的带有绒毛，还有的具光泽感等，还培育出了很多栽培品种。大多数茎部都会直立向上生长如小树状，茎下部会木质化。

　　属夏型多肉植物，生长期为春季至秋季。基本上更偏好日照和通风均较好的环境，盛夏时需避免阳光直射，放置于半阴处管理。

叶片表面覆有白粉的种类，浇水时需注意不要把白粉冲掉。

　　要想让植株更加茁壮，最好在室外栽培，但寒冬时必须将其移至日照较好的室内。冬季休眠期需控制浇水量，但并不是完全断水，当叶片失去弹性时就要浇水。

　　繁殖方面，不太适合使用叶插法，可在初春时节进行枝插。植株整体有倾斜状况时需进行修剪，剪下来的枝条可作为插穗。

▌熊童子
▌*Cotyledon ladismithiensis*

像熊掌一样厚厚的叶片是其特征。被命名为"熊童子"，可能缘于被绒毛包裹着的圆鼓鼓的黄绿色叶片，以及叶片前端仿若小爪子的红色突起给人留下的印象。十分不耐高温多湿环境，夏季需小心管理。

▌熊童子锦
▌*Cotyledon ladismithiensis f. variegata*

有熊掌般的肥厚叶片，是"熊童子"的斑锦株。虽然是夏型，却不耐高温多湿环境，要特别注意夏季的管理。

子猫之爪
Cotyledon ladismithiensis cv.

与"熊童子"属于同类且外形相似，只是叶片前端的
红色突起较少，叶片也较细长，因此被称为"子猫之
爪"。盛夏和冬季都应控制浇水量。

福娘
Cotyledon orbiculata var. *oophylla*

表面涂了白粉般的纺锤状叶片，整体的绿色与叶缘
的红色对比鲜明。从初夏到秋季花茎都会伸长，并
开出吊钟状的橘色花朵。

嫁入娘
Cotyledon orbiculata cv.

表面有一层白粉的泛白叶片是其特征，是"圆叶银波
木"(*Cotyledon orbiculata*)的一个栽培品种。叶尖
像被红笔描上了红色，到了红叶化(见p.81)时期整
个叶片都会变为红色的。

白眉
Cotyledon orbiculata cv.

是"圆叶银波木"的一个栽培品种，青白色的大叶片
搭配红色的叶缘，十分美丽。

旭波锦
Cotyledon orbiculata 'Kyokuhanishiki' f. variegata

叶片边缘呈波浪状的是"旭波",几乎没有波浪状的是"旭波锦"。也被称为"旭波之光"。

芭比拉里斯
Cotyledon papilaris

表面有光泽的椭圆形叶片,叶片前端镶着红边。植株不会长得很高,若形成群生会开出许多红色的花朵。花期为春季至初夏。

达摩福娘
Cotyledon pendens

叶片圆滚滚的可爱的银波木属植物。茎部会匍匐延伸,开出红色的大花。夏季要避免强烈阳光照射,放在半阴处管理。

银波锦
Cotyledon undulata

扇形叶片前端有着如波浪起伏般的褶皱,十分美丽。叶片表面覆盖着一层白粉,注意尽量不要直接对着叶片浇水。学名也写为*Cotyledon orbiculata* var. *oblonga*。

青锁龙属
Crassula

DATA

科　　名	景天科
原 产 地	非洲南部、东部
生 长 型	夏型、冬型、春秋型
浇　　水	生长期1~2周1次，休眠期需控制浇水量
根　　部	细根型
难 易 度	★★☆☆☆

　　原产地以非洲南部为中心，约有500个已知种，是一个极具魅力的多肉植物大属。其属名是"肥厚"的意思，所以大部分都有着肉质的叶片。市面上可见到各种各样的种类，变化丰富相映成趣，其中有些种类甚至看起来不太像植物。

　　青锁龙属的生长期根据种类的不同而不同，需特别留意。夏型、冬型，以及春秋型都有。大型的种类多是夏型，小型的种类则多是冬型。

　　一般来讲最好在日照和通风均较好的场所培育。夏季需休眠的冬型和春秋型，对于日本这种夏季高温潮湿的环境非常不耐受。避免强光直射，放在明亮的背阴处，同时保持通风良好，是安稳度夏的关键。夏型放在室外淋雨也无所谓，但是"神刀"和"吕千绘"之类叶片上的白粉会脱落的类型，淋雨的话会导致叶片污浊腐烂，所以浇水时也需注意尽量不要把水浇到叶片上。

▌火祭
Crassula americana 'Flame'

叶片前端被红色浸染得仿佛火焰一般，气温降低时红色面积会变大。为了欣赏红色叶片，需控制好浇水和施肥，同时保持充足的日照。

▌克拉夫
Crassula clavata

原产于南非的小型种，肥厚的红色叶片是其特征。若日照不足叶片会转为绿色，冬季较寒冷时，保持略为干燥的状态，能维持较佳的叶色。

雪绒
Crassula ernestii

长满无数小叶片的青锁龙属植物。春季至秋季为生长期，很容易群生，日照充足的话冬季干燥期就可以快乐地观赏红色叶片了。春季会开出白色小花。

神刀
Crassula falcata

刀形叶片左右交错生长的青锁龙属植物。长至成株后会从侧面长出子株。不太耐寒，因此冬季需移至室内日照较好之处管理。

巴
Crassula hemisphaerica

植株几乎不会长高的莲座状的青锁龙属植物，反折过来的叶片呈放射状扩展。是整体直径4~5 cm的小型种，生长期为秋季至春季，属于冬型。

银杯
Crassula hirsuta

长有许多棒状的柔软叶片，从秋季至冬季会逐渐染上红色。夏季需放在通风良好处并保持稍干燥的状态，冬季需放在温度高于5 ℃的室内进行管理。

若绿

Crassula lycopodioides var. *pseudolycopodioides*

其特征是小小的叶片重叠生长如同绳索一般，属于夏型。若日照不足会导致徒长且枝条会垂落下来。春季至夏季要进行掐尖促其分枝，这样才会长得比较茁壮。

绒针 / 银箭

Crassula mesembrianthoides

植株外形特别，在青锁龙属植物中比较少见。叶片鲜绿色，形状像小小的香蕉，密生着白色绒毛。十分强健，容易栽培。

小天狗

Crassula nadicaulis var. *hereei*

肉质叶片两两对生，寒冷时叶片会染上红色。夏季要避免阳光直射并维持略干燥的状态，冬季需避免冻伤。

蔓莲华

Crassula orbicularis

莲座状的鲜艳叶片是其特征。会从植株基部长出许多走茎，进而形成子株，将子株移植即可轻松繁殖。

▌知更鸟
▌ *Crassula ovata* 'Blue Bird'

"燕子掌"(*Crassula ovata*)有许多栽培品种,图中这株即是其中一种。属于夏型的青锁龙属植物,很强健且容易繁殖。

▌黄金花月
▌ *Crassula ovata* 'Ougon Kagetu'

"燕子掌"的一个栽培品种,冬季红叶化(见p.81)后叶片会变成黄色的,看起来仿佛长满了金币一般。

▌筒叶花月
▌ *Crassula ovata* 'Gollum'

"燕子掌"变异产生的一个栽培品种,也被称为"宇宙之树"。生长型为夏型,冬季需移至室内。

▌心水晶
▌ *Crassula pellucida* var. *marginalis*

一丛约10 cm高的细茎上,缀满了约5 mm宽的小叶片,形成灌木状。不耐夏季高温,需特别注意。

星乙女
Crassula perforata

三角形叶片对生排列如同星形的青锁龙属植物。属于春秋型，冬季干燥期叶片会变红。不耐受夏季多湿，因此需避免淋雨且保持通风良好。可用枝插法繁殖。

南十字星
Crassula perforata f. variegata

小小的三角形叶片连成串般地向上延伸生长。因为不容易分枝，所以一般通过枝插法繁殖使其形成群生。属于春秋型，盛夏时节应放在半阴处管理。

梦椿
Crassula pubescens

拥有细毛密生的棒状叶片。叶片在春季和秋季的生长期会变成绿色的，在夏季和冬季的休眠期会红叶化（见p.81）而变成紫红色的，非常美丽。

红稚儿
Crassula radicans

茎部会木质化的小型种，属于生长期为春季至秋季的夏型。长着很多卵形的小型叶片，到了秋季会变得红艳艳的，还会开出可爱的白色小花。

若歌诗锦
Crassula rogersii f. *variegata*

圆鼓鼓的肉质叶片是"若歌诗"的特征，与*Crassula atropurpurea*（中文名未命名）非常不同。图中的斑锦株长着美丽的黄色斑纹。

稚儿星锦
Crassula rupestris 'Pastel'

小小的叶片层层重叠向上延伸生长的小型青锁龙属植物。原产于日本，是"稚儿星"的斑锦品种。

长茎景天
Crassula sarmentosa

绿色叶片镶着黄色宽边的青锁龙属植物。叶片边缘呈细微的锯齿状，红叶化（见p.81）后叶片会带有淡淡的粉色。不太耐寒，冬季需移至室内管理。

小夜衣
Crassula tecta

肉质叶片从植株基部长出的冬型青锁龙属植物。肉质叶片上长有许多小小的白点，十分美丽。不耐夏季高温，需特别注意。

玉椿
Crassula teres

植株直径约1 cm，呈棒状向上生长，冬季会开出白色花朵。叶片如鳞片般紧紧包裹起来。夏季需避开阳光直射，保持略干燥的状态。

筒叶菊/桃源乡
Crassula tetragona

拥有细长的叶片，茎部会木质化的夏型种。体质强健，容易栽培。若日照不足容易导致徒长，叶色也会不好看，需格外注意。

方塔
Crassula 'Buddha's Temple'

"神刀"和"方鳞绿塔"（*Crassula pyramidalis*）的杂交品种。三角形的叶片紧密重叠向上生长，形成独特的塔状植株。生长期为春季至秋季。春季会从植株基部长出大量子株。

龙宫城
Crassula 'Ivory Pagoda'

被白色细毛覆盖的叶片重叠交错生长，是青锁龙属的栽培品种。不耐暑热和潮湿，夏季需要特别注意通风良好及控制浇水量。

仙女杯属

Dudleya

DATA

科　　名	景天科
原 产 地	北美洲西南部
生 长 型	冬型
浇　　水	春季和秋季2周1次，夏季控制浇水，冬季1个月1次
根　　部	细根型
难 易 度	★★☆☆☆

　　原产于北美洲西南部，约有40个原始种。比较有人气的是叶片呈莲座状的种类，覆有白粉的雾面质感的叶片很有魅力。由于原生于极度干燥的环境中，所以不能耐受日本高温潮湿的夏季。栽培时要格外注意保持通风良好。

沃枯提
Dudleya attenuata ssp. *orcutii*

茎很短的小型种，会长出很多分枝，分枝前端是棒状的叶片。叶片表面的白粉不太厚。会开出淡黄色的花朵。图中这株宽约5 cm。

仙女杯
Dudleya brittonii

仙女杯属的代表种。属于大型种，成为老株后短茎会直立向上生长。花是黄色的。叶片覆有白粉，曾被誉为世界上最白的植物。图中这株高约30 cm。

格诺玛
Dudleya gnoma

原产于加利福尼亚半岛，被白粉包裹的美丽的多肉植物。请避免用手触摸。在日本也被称为"格利尼"，也会以这个错误的名字在市面上流通。

帕奇飞图 / 拇指仙女杯
Dudleya pachyphytum

肥厚叶片上覆盖着白粉的中型种。喜欢强烈阳光照射，推荐在室外栽培。不要直接对着叶片浇水，一年中均应放在日照较好的场所栽培。

粉叶草 / 雪山仙女杯
Dudleya pulverulenta

没有茎，可长至宽约50 cm的大型种（图中这株宽约30 cm）。叶片比"仙女杯"更宽更薄，大多覆盖着白粉。花是黄色的。

维思辛达 / 黏叶仙女杯
Dudleya viscida

原产于美国加利福尼亚州的卡尔斯巴德。叶片有黏性，可以捕捉小昆虫作为肥料，是珍奇的食虫植物。图中这株宽约15 cm。

维利达斯
Dudleya viridas

虽然也被称为"绿仙女杯"，但其实与"仙女杯"是不同的种。或许是在原生地同一地点既有白色植株又有非白色植株，所以被混淆了。图中这株宽约20 cm。

石莲花属
Echeveria

DATA

科　名	景天科
原产地	以墨西哥为中心
生长型	春秋型
浇　水	春季和秋季1周1次，夏季3周1次，冬季1个月1次
根　部	细根型
难易度	★★☆☆☆

　　呈莲座状展开的叶片如玫瑰花般美丽。以墨西哥为中心，分布有100多个原始种。大小不一，从直径3 cm的小型种到直径40 cm的大型种都有。叶片有绿色、红色、黑色、白色、青色等不同的颜色。有的会随着季节变化开花，有的秋季时会红叶化（见p.81）而叶片变为美丽的颜色，总之观赏性极佳的种类有很多。叶片的形状和颜色变化极多，也有很多栽培品种在市面上流通。

　　石莲花属的生长期为春季和秋季。生长期需保证日照充足和通风良好才能长好。建议在室外栽培。根据种类不同，比如有不耐受夏季高温的，也有反过来不耐受冬季低温的，夏季和冬季管理时需区别对待、格外留心。要在适当的环境中生长，才能长出匀称紧凑的株型。

　　大体而言生命力旺盛，最好每年初春时移植到大一点的花盆中。使用叶插法和枝插法即可简单进行繁殖。

▍古紫
Echeveria affinis

深紫红色的叶片是其特征，是质朴典雅的石莲花属植物。若日照充足，叶片颜色会更深。花茎延伸至约15 cm时，会开出深红色的花朵。图中这株宽约8 cm。不耐暑热，需特别注意。

▍东云（缀化）
Echeveria agavoides f. cristata

"东云"的缀化株。缀化之后叶片变小，植株矮化。若从缀化状态还原，就会长回原本的大小。图中这株宽约15 cm。在日文中写为"鯱"。

玉杯东云
Echeveria agavoides 'Gilva'

由"东云"和"月影"杂交而得，有很多不同的形态变化。冬季叶片会带有红色，非常美丽。

相府莲
Echeveria agavoides 'Prolifera'

很早之前就开始栽培，在"东云"系列中属于叶片较细，且红叶化（见p.81）也不那么鲜明的，但因是许多杂交品种的亲本而很有名气。图中这株宽约20 cm。

红缘东云
Echeveria agavoides 'Red Edge'

叶片前端非常尖锐是其特征，冬季时叶片边缘会变黑，更具视觉张力。是非常耐寒的大型石莲花属植物，图中这株宽约30 cm。以前也被称为"口红东云"。

罗密欧
Echeveria agavoides 'Romeo'

在德国使用"魅惑之宵"的实生苗培育出的美丽品种。之前曾被命名为 'Red Ebony'，但这个名字现在已不再使用。图中这株宽约15 cm。

魅惑之宵
Echeveria agavoides 'Corderoyi'

"东云"的栽培品种，叶片前端的红色"尖爪"是其特征。红色的"罗密欧"就是"魅惑之宵"的实生苗突然变异所产生的。

花乃井 Lau 065
Echeveria amoena 'Lau 065'

与"花乃井"基本种的不同之处是，叶片是青瓷色的且无茎部。经常长出子株，形成美丽的群生株。图中这株宽约10 cm。

花乃井·佩罗特
Echeveria amoena 'Perote'

原产于墨西哥佩罗特。茎部稍长，比 'Lau 065' 要小一点。单株宽约2 cm。

广寒宫
Echeveria cante

被称为"石莲花属女王"的种。大型种，持续生长的话莲座状叶盘直径可达30 cm。叶片上覆有白粉，叶片边缘呈红色，秋季至冬季红色会越来越深。

银明色
Echeveria carnicolor

叶片偏茶色的"银明色"更常见一些，如果与名字一样叶片是偏银白色的就会更美丽。没有茎部，整体呈扁平状，冬季开花。图中这株宽约4 cm。

安卡什秘鲁
Echeveria chiclensis 'Ancach Peru'

原产于秘鲁的小型石莲花属植物，叶片有纯绿色的，也有蓝绿色的。图中这株叶片为蓝绿色的，宽约7 cm。没有茎部，会长出子株形成群生。

吉娃莲
Echeveria chihuahuaensis

黄绿色的肥厚叶片上覆盖着白粉，叶尖带有些许粉色的中型种。花是橙色的。图中这株生长点位于植株正中，外形端正美丽，宽约8 cm。

腮红 / 红宝石刷
Echeveria chihuahuaensis 'Ruby Blush'

与"吉娃莲"一样，生长点位于植株正中，外形端正美丽。株型比较小，叶尖较大且呈鲜红色。图中这株宽约5 cm。

乙姬花笠（缀化）
Echeveria coccinea f. *cristata*

很早之前已常见到的"乙姬花笠"的缀化株。叶片上有短毛。因为是高山性植物，所以不耐暑热，需格外注意。图中这株宽约15 cm。

卡罗拉
Echeveria colorata

石莲花属中型种中的代表，有很多不同类型。图中这株是标准型，宽约20 cm。外形端正，是很多杂交品种的亲本。

卡罗拉·布兰迪
Echeveria colorata var. *brandtii*

"卡罗拉"的变种，比基本种稍微小一些，叶片较细。冬季红叶化(见p.81)时期，叶片会变为非常美丽的红色。图中这株宽约15 cm。

卡罗拉·林赛
Echeveria colorata 'Lindsayana'

"卡罗拉"的优形品种。1992年*Mexican society*《墨西哥社会》杂志发表了非常美丽的幼苗图片，其后代就是真正的"卡罗拉·林赛"了。图中这株宽约15 cm。

卡罗拉·塔帕尔帕
Echeveria colorata 'Tapalpa'

"卡罗拉"的小型栽培品种。紧凑的白色叶片是其特征。花与基本种相同，但花型稍微小一些。图中这株宽约10 cm。

吴钩
Echeveria craigiana

"吴钩"有很多不同类型，图中这株是叶色特别漂亮的品相优秀的一种。生长缓慢，叶质柔软。图中这株宽约10 cm。

库斯比塔
Echeveria cuspidata

中型的白色石莲花属植物。叶片前端的"尖爪"会变红后再变黑是其特征。体质强健，容易栽培，由于具有多花性，所以常被用来进行杂交培育。

绿爪
Echeveria cuspidata var. *zaragozae*

"库斯比塔"的变种，是很有人气的小型石莲花属植物。*zaragozae* 有 时 会 被 写 为 *zaragosa*，实 际 上 *zaragozae* 才是正确的。图中这株宽约6 cm。

▌静夜
Echeveria derenbergii

石莲花属小型种的代表，是许多优形杂交品种的亲本。单株一般宽约6 cm，会生出许多子株形成群生。初春时会开出橘色的花朵。

▌蒂凡尼
Echeveria diffractens

小型石莲花属植物，叶片呈莲座状，一般宽约5 cm。茎部不会伸长，会开出许多花。以前学名写为*Echeveria difragans*。

▌月影
Echeveria elegans

石莲花属小型种的代表，一般宽约7 cm。是许多优形杂交品种的亲本。即使到了冬季叶片也不会红叶化（见p.81）是其特征，半透明的叶缘很美丽。

▌厚叶月影
Echeveria elegans 'Albicans'

"月影"的优形品种，叶片较厚，前端会稍稍红叶化而变红。可长出子株形成群生。

月影·埃尔奇科
Echeveria elegans 'Elchico'

原产于墨西哥埃尔奇科国家公园的"月影"的新品种。叶缘和叶尖都染上了红色，这是普通"月影"没有的特征。一般宽约6 cm。

月影·拉巴斯
Echeveria elegans 'La Paz'

原产于墨西哥拉巴斯的"月影"实生苗，在原产地和"海琳娜"被视为属于同一个种。株型较大，叶片也多，一般宽约8 cm。

月影·托兰通戈
Echeveria elegans 'Tolantongo'

原产于墨西哥托兰通戈的新品种，与其他的"月影"感觉都不太一样。图中这株宽约5 cm，还未到开花阶段。

黑夜
Echeveria eurychlamys 'Peru'

原产于秘鲁的石莲花属植物。叶色是很有个性的紫色，与墨西哥产的石莲花属植物感觉不太一样。一般宽约7 cm。

寒鸟巢锦
Echeveria fasciculata f. *variegata*

很早之前就存在的谜一般的石莲花属植物。图中的
斑锦株宽约7 cm。不耐暑热，管理起来不易。栽培
者需要具有相当高的技巧。

黑暗爪
Echeveria humilis

小型的紫色系优良品。因产地不同而有不同的类型，
图中这株原产于墨西哥基马潘（Zimapan）。不耐暑
热，夏季需放置在阴凉之处。一般宽约7 cm。

普米拉
Echeveria glauca var. *pumila*

可作为庭院植被使用，非常强健的石莲花属植物。
一般宽约10 cm，样子美丽。被认为是"七福神"的
"亲戚"。

小红衣
Echeveria globulosa

超级难栽培的种。属于高山性石莲花属植物，不耐
暑热，在日本关东以西地区很难度夏。图中这株宽
约5 cm。

海琳娜

Echeveria hyaliana (Echeveria elegans 'hyaliana')

在 *The Genus Echeveria*（《石莲花属植物》）中收录的"海琳娜"图片，看起来叶片数量较少且不太精致的感觉，但在日本流通的大多是图中这种类型的，一般宽约5 cm，株型紧凑。

雪莲

Echeveria laui

若说白色石莲花属的帝王是"广寒宫"，那"雪莲"就是女王。虽然杂交品种很多，但品相超过原始种的还未出现。一般宽约10 cm。

白兔耳

Echeveria leucotricha 'Frosty'

与"雪锦星"很像，这个品种株型相对更大一点。图中这株宽约10 cm。叶片前端呈茶色是其特征。

丽娜莲

Echeveria lilacina

直径约20 cm，叶片表面覆有白粉，十分美丽。

吕西亚
Echeveria lyonsii

2007年被承认的新种，非常珍贵。图中这株产于墨西哥拉巴斯，宽约10 cm。生长期时叶片边缘是绿色的。

红稚莲
Echeveria macdougallii

茎部会木质化的小型石莲花属植物，一般宽约2 cm、高约15 cm。冬季会进入红叶化（见p.81）时期，非常可爱。

姬莲
Echeveria minima

小型石莲花属的代表种，在全球范围内被广泛作为小型杂交品种常用的亲本。叶色和叶尖颜色不同的，一般都是杂交品种。

摩氏石莲
Echeveria moranii

绿色叶片镶着红边是其特征，若将它作为杂交亲本，那么得到的后代也会带有该特征。一般宽约6 cm，可形成群生。属于高山性植物，不耐暑热，需特别注意。

红司
Echeveria nodulosa

茎部会木质化的石莲花属植物，可长至宽约5 cm、高约15 cm。已知有几个变种，图中这株是标准型。属于高山性植物，不耐暑热。

红司锦
Echeveria nodulosa f. *variegata*

"红司"的黄色斑纹的斑锦株。很难繁殖增生，几乎看不到幼苗。图中这株宽约8 cm。夏季需在遮光的阴凉处度过。

霜之鹤杂交
Echeveria pallida hyb.

"霜之鹤"非常健壮且生长迅速，由于花粉较多，经常被用作"白凤"等杂交品种的亲本，图中这株也是由"霜之鹤"杂交而得的。茎部伸长后就不太耐寒是栽培难点。一般宽约20 cm。

皮氏石莲
Echeveria peacockii

青白色的宽叶片是"皮氏石莲"基本种的特征，全年叶片颜色都无变化。图中这株宽约10 cm。

皱叶皮氏石莲
Echeveria peacockii var. *subsessilis*

弧形的薄叶片组成的大型种，"皮氏石莲"的变种。图中这株宽约15 cm。红叶化（见p.81）时期叶片边缘会稍微带点粉色。

皱叶皮氏石莲锦
Echeveria peacockii var. *subsessilis* f. *variegata*

"皱叶皮氏石莲"的黄色覆轮斑的斑锦株。无法用叶插法繁殖，所以幼苗数量很少。不耐暑热，所以夏季需特别注意。一般宽约6 cm。

清秀佳人
Echeveria peacockii 'Good Looker'

原产于墨西哥普埃布拉（Puebla），是"皮氏石莲"的优形品种。株型紧凑且叶片较宽较厚，有一种密实粗壮的感觉。

花月夜
Echeveria pulidonis

石莲花属中最经常被用作杂交亲本的名品。株型紧凑，叶片镶有红边，常能培育出较好的后代。一般宽约8 cm。

雪锦星
Echeveria pulvinata 'Frosty'

"锦晃星"（*Echeveria pulvinata*）的白叶品种。生长
快速且体质强健，经常被用作混栽的素材。图中这
株宽约15 cm。

大和锦
Echeveria purpusorum

以"大和锦"的名字在市面上流通的有着鼓鼓的红色
叶片的品种，其实是"大和锦"的杂交品种"酒神"
（*Echeveria* 'Dionysos'）。原始种则如图中这株，
叶片尖锐，天生带有鲜明的美丽花纹。

鲁道夫
Echeveria rodolfii

2003年才被承认的新种。棕垫般的雾面紫色叶片，
散发出素雅的魅力。会开很多花，但需注意，开花
过多会导致植株脆弱。一般宽约15 cm。

粉黛卢浮宫
Echeveria rubromarginata 'Esplranza'

"卢浮宫"（*Echeveria rubromarginata*）有很多不
同类型，这个品种是其中一种，为中型植株。图中这
株未经特意筛选，叶片稍微有些波浪状起伏，宽约
15 cm。

▎卢浮宫·特选
▎*Echeveria rubromarginata* 'Selection'

这株是从"卢浮宫"原始种中选出来的小型特选品
种。叶片边缘有小小的波浪状起伏是其特征。

▎鲁氏石莲
▎*Echeveria runyonii*

有很多不同类型，图中这株是基本型。呈青白色，外
形端正，品相优秀。图中这株宽约10 cm。

▎圣卡洛斯
▎*Echeveria runyonii* 'San Calros'

近期在圣卡洛斯的内华达山脉发现的一种全新面貌
的"鲁氏石莲"。比基本种株型更大、更扁平，叶片边
缘呈现柔和的波浪状，非常美丽。图中这株宽约
15 cm。

▎特玉莲
▎*Echeveria runyonii* 'Topsy Turvy'

"鲁氏石莲"的突然变异品种，反向弯折的叶片是其
特征，也被称为"反叶石莲"。是很强健的普及品种。
图中这株宽约10 cm。

160

七福神
Echeveria secunda

"七福神"基本种非常强健，经常长出子株，形成好看的群生株。图中这株宽约15 cm。

红颜
Echeveria secunda var. *reglensis*

"红颜"是"七福神"系列中最小型的，实生一年左右就会开花。单株宽约2 cm，会长出子株，形成可爱的群生株。

天使之城
Echeveria secunda 'Puebla'

在 *The genus Echeveria*（《石莲花属》）一书中收录有"天使之城"的图片。原产于墨西哥普埃布拉，在"七福神"系列中是最美丽的。图中这株宽约10 cm。

七福神·坦那戈朵拉
Echeveria secunda 'Tenango Dolor'

原产于墨西哥，整体呈青瓷色，是"七福神"系列中十分美丽的一种。虽然株型较小，但经常长出子株形成群生。图中这株宽约5 cm。

▍七福神·萨莫拉诺
▍*Echeveria secunda* 'Zamorano'

原产于墨西哥萨莫拉诺，叶尖呈红色的美丽品种。在"七福神"系列中属于较难栽培的。图中这株宽约6 cm。

▍锦司晃
▍*Echeveria setosa*

"锦司晃"基本种的特征是叶片上有毛。与"青渚莲"（*Echeveria setosa* var. *minor*）样子很相似，但比"青渚莲"要小，叶片前端较尖锐。图中这株宽约6 cm。

▍小蓝衣
▍*Echeveria setosa* var. *deminuta*

"锦司晃"的细毛小型变种。总体而言"锦司晃"系列都不耐暑热，需格外注意。图中这株宽约5 cm。

▍青渚莲·彗星
▍*Echeveria setosa* var. *minor* 'Comet'

"青渚莲"实生苗中唯一的一个突然变异品种。放射状的叶片前端呈尖刺状是其特征。被命名为'Comet'，可能就缘于叶片外形与彗星的相似。一般宽约8 cm。

绿褶叶
Echeveria shaviana 'Green Frills'

"莎薇娜"（*Echeveria Shaviana*）系列有蓝色褶叶的、粉色褶叶的等不同的类型。这里介绍的是原产于西班牙佩莱格里纳地区的"绿褶叶"。

晚霞之舞
Echeveria shaviana 'Pink Frills'

叶片整体都带着淡淡的紫色。叶片表面带有白粉，叶片前端呈微微的波浪状。花为淡粉色的。不耐暑热，要进行遮光管理。

白马王子
Echeveria strictiflora 'Bustamante'

原产于墨西哥布斯塔曼特的"剑司"（*Echeveria strictiflora*）系列的一种。闪耀着白色光泽的深米色叶片非常独特。

凌波仙子
Echeveria subcorymbosa 'Lau 026'

'Lau 026'的命名来源于Alfred Lau农场的采集编号。叶片中等宽度，是株型稍微大一点的石莲花属植物。叶片比"蓝宝石"要白一点，不会出现红叶化（见p.81）现象。一般宽约6 cm。

蓝宝石
Echeveria subcorymbosa 'Lau 030'

单株株型很小，但是经常长出子株，形成可爱的群生株。图中这株宽约4 cm。

钢叶莲
Echeveria subrigida

叶片带有白粉、叶片边缘呈红色的大型种。图中这株宽约10 cm，还可以长至宽20~30 cm。用叶插法繁殖较难，但若使用花茎上长出的小叶，则会较容易生根。

杜里万莲
Echeveria tolimanensis

有着带有白粉的棒状叶片，是很独特的强健种。花茎短，花是橘色的，具多花性。图中这株宽约7 cm。

东天红
Echeveria trianthina

外形很朴素的紫叶小型种。因为繁殖困难，所以算市面上很少见的珍品。图中这株宽约5 cm。

谢拉德利西亚斯
Echeveria turgida 'Sierra Delicias'

叶片内卷,外形独特,叶片前端的"尖爪"看起来也非常可爱。不耐暑热,要特别注意。产于墨西哥德利西亚斯。图中这株宽约7 cm。

惜春
Echeveria xichuensis

石莲花属中最珍贵的种之一。种子发芽率很低,栽培很困难,所以很难在市面上见到。属于小型种,叶片上的沟槽很独特,叶片一般宽约4 cm。

阿格拉亚
Echeveria 'Aglaya'

因为是由长茎大型种的"大瑞蝶"(*Echeveria gigantea*)和无茎的"雪莲"杂交而得,所以没有茎部,但是叶片与"大瑞蝶"的一样大。花与"雪莲"一样是下垂的。图中这株宽约20 cm。

晚霞
Echeveria 'Afterglow'

原被认定为"钢叶莲"与"莎薇娜"的杂交品种,但后来又被认定为"广寒宫"和"莎薇娜"的杂交品种。或许是之前全世界都分不清"钢叶莲"和"广寒宫"的缘故。一般宽约30 cm。

海洋女神
Echeveria 'Aphrodite'

"Aphrodite"有"爱与美之女神"的含义。独特的紫褐色的叶色，向内侧卷曲的厚叶，非常美丽，独具魅力。图中这株宽约10 cm。

洋娃娃
Echeveria 'Baby doll'

是由"卡罗拉·布兰迪"和叶片丰满圆润的"月影之宵"(*Echeveria elegans* 'Kesselringiana')杂交而得的品种。图中这株宽约7 cm。

本巴蒂斯
Echeveria 'Ben Badis'

有名的杂交品种，叶片前端的"尖爪"和叶片背面的红色脉络很美丽。图中这株宽约7 cm。

黑王子
Echeveria 'Black Prince'

是"古紫"和"莎薇娜"的杂交品种。生长迅速是其特征。不耐受夏季强烈阳光照射，需特别注意。图中这株宽约10 cm。

蓝鸟
Echeveria 'Blue Bird'

很早之前就存在的优形杂交品种（广寒宫 × 皮氏石莲）。它继承了两个亲本的优点，排列紧密的白色叶片很有魅力。没有茎部，图中这株宽约15 cm。

蓝之天使
Echeveria 'Blue Elf'

"Elf"有"小妖精"的含义。是"皮氏石莲"和"恩西诺"的杂交品种，有红色的爪形叶尖，是漂亮的小型杂交品种。图中这株宽约4 cm。

蓝光
Echeveria 'Blue Light'

在日本培育出的优形杂交品种，培育者是带向氏。借用日本当时的一首流行歌曲"Blue light Yokohama"（《蓝色灯光下的横滨》）命名。图中这株宽约20 cm。

白闪冠（缀化）
Echeveria 'Bombycina' f. *cristata*

普及品种"白闪冠"（锦司晃 × 锦晃星）的缀化株，不太容易见到。因为不耐暑热，繁殖也不太容易。图中这株宽约7 cm。

秋宴
Echeveria 'Bradburyana'

虽然是很优秀的杂交品种，但可能因为这株是老桩且受到过病毒的侵害，所以培育出的植株不算好看。图中这株宽约7 cm。

卡迪
Echeveria 'Cady'

"广寒宫"和"古紫"的杂交品种，是在德国的Kaktus Koehres（仙人掌克雷斯）多肉植物大棚中培育出来的。中型的植株及紫色的叶片，与"蓝王子"（*Echeveria* 'Blue Prince'）非常像，但却是不同品种。图中这株宽约20 cm。

卡桑德拉
Echeveria 'Casandra'

"广寒宫"和"莎薇娜"的杂交品种，继承了两个亲本的优点。叶片边缘微微的波浪褶皱与"广寒宫"很相似。粉色渐变的叶色非常美丽。一般宽约20 cm。

卡特斯
Echeveria 'Catorse'

曾被命名为*Echeveria* sp., *Echeveria* 'Catorse' 这个学名近年才被认定。与"七福神"很像，但是开花的方式不同，且叶片数目较少。一般宽约6 cm。

▍粉彩玫瑰
▍*Echeveria* 'Chalk Rose'

由"鲁氏石莲"杂交而得，另一个亲本不详。比"鲁氏石莲"更扁平，叶片微泛黄色。之前市面上经常使用"瓷玫瑰"（China Rose）这个错误的名字。图中这株宽约6 cm。

▍圣诞东云
▍*Echeveria* 'Christmas'

虽然曾被命名为*Echeveria pulidonis* 'Green Form'，但其实是"花月夜"和"东云"的杂交品种，不是"花月夜"的栽培品种。图中这株宽约6 cm。

▍野玫瑰精灵
▍*Echeveria* 'Comely'

是"姬莲"和"绿爪"的杂交品种，爪形叶尖比"姬莲"的更红更大。叶色是与"库斯比塔"相近的青瓷色。图中这株宽约4 cm，已经到了开花的阶段。

▍安乐
▍*Echeveria* 'Comfort'

"Comfort"有"安乐"的意思。是"卡罗拉"和"恩西诺"的杂交品种，不出意料地遗传了"卡罗拉"的优点。"恩西诺"也是不错的杂交亲本。一般宽约6 cm。

水晶
Echeveria 'Crystal'

"月影"和"花月夜"的杂交品种，小型的人气品种。一般宽约10 cm。在日本虽然也被称为"花月夜"，但最近开始使用"水晶"这个名字在市面上流通。

卓越
Echeveria 'Eminent'

"库斯比塔"和"卡罗拉"的杂交品种，爪形叶尖与"库斯比塔"很像，同时也继承了"卡罗拉"叶片肥厚的特质。图中这株宽约10 cm。

希望
Echeveria 'Espoir'

由"大和美尼"（大和锦×姬莲）和"丽娜莲"共3个亲本杂交而得。整体更偏向于"大和锦"的感觉，叶片则有点"丽娜莲"的影子。

黄精灵
Echeveria 'Fairy Yellow'

由"粉彩玫瑰"和"多明戈"杂交而得的黄色品种。用同样方式杂交而得的姐妹株，还有紫色的"紫精灵"（Fairy Purple）。图中这株宽约5 cm。

淑女
Echeveria 'Feminine'

"雪莲"和"花月夜"的杂交品种有很多，每种都很漂亮。图中这株是其中之一，宽约6 cm。"Feminine"的含义是"优雅温柔的女性"。

脚灯
Echeveria 'Foot Lights'

"霜之鹤"和"花月夜"的杂交品种。"霜之鹤"的杂交品种大多都长得比较高，很少有无茎的情况出现。这个品种就是无茎的，一般宽约7 cm。"Foot Lights"其实就是"舞台脚灯"的意思。

优雅
Echeveria 'Grace'

"Grace"有"优美"的含义。"摩氏石莲"和"鲁氏石莲"的杂交品种。两者的特征体现在哪里似乎不太明显，但却是个美丽的杂交品种。图中这株宽约8 cm。

银武源
Echeveria 'Graessner'

"静夜"和"锦晃星"的杂交品种，通常是青绿色的，但会发生红叶化(见p.81)而变成黄色的。花茎短，很强健，很快就能形成可爱的群生株。图中这株宽约20 cm。

白凤
Echeveria 'Hakuhou'

"霜之鹤"和"雪莲"的杂交品种，是在日本培育出的有名的优形杂交品种（培育者是富泽氏）。是"霜之鹤"的杂交品种中罕见的无茎品种，叶色从绿色渐变为粉色，非常美丽。一般宽约12 cm。

花筏锦
Echeveria 'Hanaikada' f. *variegata*

"花筏"的斑锦株。也被称为"福祥锦"，这是以培育该品种的植物园的名称来命名的。一般宽约15 cm。

花之宰相
Echeveria 'Hananosaishou'

由于是"霜之鹤"和"七福神"的杂交品种，也被命名为*Echeveria pallida* 'Prince'。图中这株是即将红叶化（见p.81）的样子。红叶化后叶片边缘会变为艳红色。图中这株宽约8 cm。

太阳神
Echeveria 'Helios'

"摩氏石莲"和"皮氏石莲"的杂交品种，拥有"皮氏石莲"的叶形和"摩氏石莲"的红色叶缘。冬季发生红叶化后叶片的红色会加深。一般宽约6 cm。"Helios"是"太阳神"的意思。

顽童
Echeveria 'Impish'

"大和峰"（*Echeveria turgida*）和"姬莲"的杂交品种，比"大和峰"株型更小，是爪形叶尖很可爱的小型杂交品种。一般宽约3 cm。"Impish"是"顽童"的意思。

纯真
Echeveria 'Innocent'

"水晶"和"霜之鹤"的杂交品种。没有"霜之鹤"的大叶片，与"水晶"一样紧凑精致。图中这株宽约3 cm。

玉珠东云
Echeveria 'J.C.Van Keppel'

很早之前就有的"月影"和"东云"的杂交品种，也以"象牙"（Ivory）的名字在市面上流通。图中这株呈现的是夏季的样子，宽约7 cm。冬季时叶片前端会变为粉色。

红姬莲
Echeveria 'Jet-Red minima'

之前被命名为'Red minima'的品种，与"姬莲"原始种其实几乎没有区别，现在终于有一个配得上"红姬莲"这个名字的杂交品种了。

▌朱尔斯
▌*Echeveria* 'Jules'

杂交亲本不详。虽然被归类于石莲花属，但是花朵却和风车莲属比较像，说不定是人工培育的风车石莲属植物。冬季时叶片会发生红叶化（见p.81）而变为紫色的。图中这株宽约10 cm。

▌拉可洛
▌*Echeveria* 'La Colo'

"雪莲"和"卡罗拉"的杂交品种。这两者的杂交品种世界各地都有人在培育，有名的"芙蓉雪莲"也是由"雪莲"和"卡罗拉"系列杂交而得的。图中这株宽约25 cm。

▌芙蓉雪莲
▌*Echeveria* 'Laulindsa'

"雪莲"和"卡罗拉·林赛"的知名杂交品种。与亲本会有不同，这也正是杂交的乐趣。"拉可洛"也是由这种杂交方式得到的品种之一。一般宽约20 cm，属于大型杂交品种。

▌露娜莲
▌*Echeveria* 'Lola'

虽然被普遍认为是"丽娜莲"和"静夜"的杂交品种，但其实应该是"蒂比"（*Echeveria* 'Tippy'）和"丽娜莲"的杂交品种。与它相似的品种有"姬露娜"（*Echeveria* 'Derenceana'），在幼苗期几乎完全没有差别。

可爱莲
Echeveria 'Lovable'

"姬莲"和"摩氏石莲"的杂交品种。果不其然遗传了"姬莲"株型小的特征，简言之就是"可爱"。图中这株宽约4 cm。"Lovable"就是"可爱"的意思。

露西娜
Echeveria 'Lucila'

由"雪莲"和"丽娜莲"杂交而得，感觉像是二者的中和体一般的杂交品种。叶片与"丽娜莲"很像，花朵则像"雪莲"。图中这株宽约20 cm。

玛利亚
Echeveria 'Malia'

"东云"系列中也曾有被命名为'Malia'的品种，因为同名的关系，现改名为*Echeveria* 'Cel Estrellat'。图中这株宽约7 cm。

墨西哥巨人
Echeveria 'Mexican Giant'

有人说是"卡罗拉"的栽培品种，但是仔细观察就会发现叶片的形状和大小，特别是开花的方式都完全不同，所以应不属于"卡罗拉"系列。一般宽约25 cm。

墨西哥黄昏
Echeveria 'Mexican Sunset'

会陆续生出子株，形成好看的群生株。少数情况下会恢复成莲座状的样子，因为开的花与"卡罗拉"一样，所以其中一个亲本应是"卡罗拉"。冬季会发生红叶化（见p.81）而叶片变色。

碧牡丹
Echeveria 'Midoribotan'

很早之前，一种非日本原产的多肉植物（估计是*Echeveria palmeri*）也曾被命名为"碧牡丹"。"蓝光"据说是这个品种和"广寒宫"的杂交品种。一般宽约15 cm。

桃太郎
Echeveria 'Momotarou'

与"玛利亚"很相似。只是"桃太郎"的爪形叶尖更加粗壮，栽培条件则没有太大差异。有一种说法是，这个品种先从日本出口到韩国，然后又以"玛利亚"这个名字回流到了日本。

怪物
Echeveria 'Monster'

"雪莲"和"钢叶莲"的杂交品种。超大型的莲座状叶盘直径约50 cm。与使用肥料栽培才能变大的植株不同，这个品种只需要按普通方式栽培就能长得很大。

月亮河
Echeveria 'Moomriver'

"高砂之翁"的白斑品种。作为大型的斑锦品种非常少见，也因此很珍贵。是观赏性强的美丽品种。图中这株高约20 cm。

野玫瑰之精
Echeveria 'Nobaranosei'

"静夜"和"绿爪"的杂交品种，短茎上的莲座状叶盘比"静夜"要稍微大一些。花也很像"静夜"。图中这株宽约5 cm。

心跳
Echeveria 'Palpitation'

"罗密欧"和"杜里万莲"的杂交品种。有种红色"杜里万莲"的感觉。图中这株呈现的是夏季的样子，冬季会发生红叶化（见p.81）而叶片变得更红。一般宽约6 cm。"Palpitation"是"心跳"的意思。

小可爱
Echeveria 'Petit'

"姬莲"和"玉蝶"（*Echeveria secunda* 'Glauca'）的杂交品种。蓝绿色的叶片前端是红色的"尖爪"，单株株型小，但很快就能形成美丽的群生株。图中这株宽约7 cm。"Petit"是"小巧可爱"的意思。

粉红天使
Echeveria 'Pinky'

"莎薇娜"和"广寒宫"的杂交品种。很早之前就有的杂交品种，与"卡桑德拉"的母本和父本正好相反。粉色叶片，没有茎部，是非常可爱的石莲花属植物。图中这株宽约20 cm。

纸风车
Echeveria 'Pinwheel'

"Pinwheel"是"纸风车"的意思。之前借用整理编号命名为'3/07'，现在已命名为'Pinwheel'。小型植株，一般宽约5 cm。

蓝粉莲
Echeveria 'Powder Blue'

亲本之一是"钢叶莲"，与"白玫瑰"(*Echeveria* 'White Rose')很相似，但株型更小，会形成美丽的群生株。单个莲座状叶盘的宽度可达约10 cm。

女主角
Echeveria 'Prima'

"Prima"的含义是"女主角"。"粉红天使"和"圣卡洛斯"的杂交品种。图中这株虽然还是幼苗，但已经出现了"圣卡洛斯"的波浪状叶边，宽约5 cm。

锦之司
Echeveria 'Pulv-Oliver'

"锦晃星"和"花司"(Echeveria harmsii)的杂交品种。长着短毛的叶片相当美丽。可长至高约20 cm。

小姑娘
Echeveria 'Puss'

"Puss"有"小姑娘"的意思。"丽娜莲"和"静夜"杂交而得的新品种。继承了两个亲本的优点，样子小巧可爱。一般宽约5 cm。

雨滴
Echeveria 'Raindrops'

叶片上的疣状突起是其特征。"舞会红裙"(Echeveria 'Dick Wright')的杂交品种。与"莎薇娜"一样，需要遮光管理。图中这株宽约15 cm。

莉莉娜
Echeveria 'Relena'

"鲁氏石莲"和"罗西玛"(Echeveria longissima)的杂交品种，是在德国的Kaktus Koehres多肉植物大棚中培育出来的。莲座状叶盘是"鲁氏石莲"的特征，叶色则是"罗西玛"的颜色。冬季的红叶化(见p.81)现象算是石莲花属中最优秀的。一般宽约5 cm。

▍革命
▍*Echeveria* 'Revolution'

由"纸风车"实生出的突然变异品种，与"特玉莲"一样叶片是反向弯折的，十分珍贵。图中这株宽约10 cm。

▍宝石红唇
▍*Echeveria* 'Ruby Lips'

大型的杂交品种，莲座状叶盘直径可达约25 cm。杂交亲本不详。冬季会变得特别红，十分美丽。图中这株宽约10 cm。

▍红颊
▍*Echeveria* 'Ruddy Faced'

是"厚叶月影"和"大和美尼"的杂交品种，继承了"厚叶月影"的血统，带透明感的红叶是其特征。图中这株宽约4 cm。"Ruddy Faced"是"红颊"的意思。

▍香格里拉
▍*Echeveria* 'Shangri-ra'

"丽娜莲"和"墨西哥巨人"的杂交品种，这样的杂交种有很多，因为两个亲本都品相优秀，所以才能得到如此美丽的杂交品种。一般宽约8 cm。

七变化
Echeveria 'Sichihenge'

锦化的"花车"(*Echeveria* 'Hoveyi')产生的突然变异品种。是随着季节变化叶色也会产生不同变化的珍品，但还是冬季时最美丽。图中这株宽约7 cm。

斯托罗尼菲拉
Echeveria 'Stolonifera'

"七福神"和"大平"(*Echeveria* 'Grandifolia')的杂交品种，终年常绿。会长出分枝形成子株，很快就会长成群生株。图中这株宽约8 cm。

薄荷
Echeveria 'Suleika'

"钢叶莲"和"雪莲"的杂交品种。是在德国Kaktus Koehres多肉植物大棚中培育出来的，扁平状的白色叶片的优良品。继承了"雪莲"血统的杂交品种，果然都非常美丽。图中这株宽约20 cm。

苏珊塔
Echeveria 'Susetta'

"钢叶莲"和"皮氏石莲"的杂交品种，与薄荷很像，但株型稍微小一点，叶片前端是尖的且呈爪形。图中这株宽约10 cm。

甜心
Echeveria 'Sweetheart'

"Sweetheart"的含义是"甜心""我的爱人"。"雪莲"与珍贵品种"碧牡丹"的杂交品种。"雪莲"的杂交品种果然都很美丽。图中这株宽约7 cm。

独角兽
Echeveria 'Unicorn'

"Unicorn"的含义是"独角兽"。从"白马王子"和"大和峰"杂交的实生株中选出的叶片直立向上的品种。叶片是米色的，非常独特。图中这株宽约6 cm。

范布林
Echeveria 'Van Breen'

"静夜"和"银明色"的杂交品种。与"银光莲"很相似。也有人将其命名为'Fun Queen'（快乐女王），这应是日语读音的错误了。图中这株宽约18 cm。

大和美尼
Echeveria 'Yamatobini'

由日本根岸氏培育出的杂交品种。也被命名为'Yamatomini'，'Yamatobini'这个名字被记载下来，是由于培育者名字读音的缘故。图中这株宽约6 cm。

风车莲属
Graptopetalum

DATA

科　　名	景天科
原 产 地	墨西哥
生 长 型	夏型、春秋型
浇　　水	生长期2周1次，休眠期1个月1次
根　　部	细根型
难 易 度	★☆☆☆☆

　　小型种比较多，经常被用来和石莲花属植物进行杂交。夏季需在微微干燥的状态下培育。若大量群生，易因闷热潮湿发生腐烂，需格外注意通风。属于可食用多肉植物，在超市经常以"ghost plant"（幽灵植物）的俗名销售的多肉植物，其实就是本属中生长型为夏型的"胧月"（*Graptopetalum paraguayense*）。

▍桃之卵
Graptopetalum amethystinum

短茎上的肉质圆叶片呈莲座状排列。一般宽约7 cm。没开花的时候，容易与厚叶莲属多肉植物搞混。生长速度十分缓慢。

▍菊日和
Graptopetalum filiferum

很早之前就开始栽培，但令人意外的是并不常见。图中这株宽约5 cm。不耐暑热，需格外注意。

▍蔓莲
Graptopetalum macdougallii

极小型种，一般宽约3 cm，很容易形成走茎，再从其前端长出花茎和子株。青瓷色的叶片前端，到了冬季会因红叶化（见p.81）而变红，格外美丽。

丸叶姬秋丽
Graptopetalum mendozae

是风车莲属中最小型的种，一般宽约1 cm。花是纯白色的，叶片肥厚前端略尖。有一个品种与它长得很像，就是花朵带有细微红点且叶片前端更尖细的"姬秋丽"(*Graptopetalum* 'mirinae')。

银天女
Graptopetalum rusbyi

几乎没有茎部的小型种，一般宽约4 cm。叶片为紫色的，全年都是这个颜色。属多花性植物，是小型杂交品种很好的亲本。

姬胧月
Graptopetalum 'Bronze'

株型娇小，容易形成群生。到了冬季，图中呈现的红棕色会变得更加浓郁。

可爱
Graptopetalum 'Cute'

是风车莲属同属间的杂交品种，由"丸叶姬秋丽"和"菊日和"杂交而得。继承了"丸叶姬秋丽"的血统，属于超小型多肉植物。很容易长出侧芽，形成庞大的群生株。整株直径约12 cm。

风车石莲属
Graptoveria

风车景天属
Graptosedum

风车莲属和石莲花属的属间杂交品种被归类为风车石莲属，和景天属的杂交品种被归类为风车景天属。在已培育出的众多杂交品种中，只会保留优秀品种。其特征是肉质叶片呈莲座状排列。需在日照和通风都较好的场所，控制浇水量进行管理。生长期为春季和秋季，盛夏和严冬是休眠期。

葡萄
Graptoveria 'Amethorum'

石莲花属的"大和锦"和风车莲属的"桃之卵"的属间杂交品种。深沉的叶色和圆鼓鼓的肉质叶片，呈现出独特的魅力。莲座状叶盘直径5~6 cm。

黛比
Graptoveria 'Debbi'

泛着紫色的叶片表面覆盖着白粉，是美丽的普及型品种。杂交亲本不详。茎部不会伸长，从植株基部会长出子株形成群生。夏季需在半阴处管理。

紫丁香锦
Graptoveria 'Decairn' f. *variegata*

杂交亲本不详，花朵看起来像风车莲属的。小型植株，带有美丽的斑锦，很有人气。经常长出分枝形成群生。图中这株宽约5 cm。

鬼脸
Graptoveria 'Funy face'

风车莲属的"菊日和"和石莲花属的杂交品种，克服了不耐暑热的问题。叶片前端发红，叶片扁平，是容易长出侧芽的优良品。一般宽约6 cm。

红唇
Graptoveria 'Rouge'

"Rouge"有"红唇"的含义。是"葡萄"和"卢浮宫"的杂交品种，但呈现出了与两者都不相似的全新面貌。一般宽约15 cm。

白雪日和
Graptoveria 'Sirayukibiyori'

风车莲属的"菊日和"和"丽娜莲"的杂交品种。图中这株是继承了两个亲本的优点的优良个体。

雪碧
Graptoveria 'Sprite'

"花月夜"和"银天女"的杂交品种。就像小型的"银天女"搭配了"花月夜"的叶边，十分可爱。图中这株宽约4 cm。

超级巨星
Graptoveria 'Super Star'

"别露珠"(*Graptopetalum bellum*)和"雪莲"的杂交品种。花是比原始种更大的深桃红色的。"别露珠"系列都不耐暑热，需格外注意。图中这株宽约20 cm。

桑伍德之星
Graptoveria 'Thornwood Star'

是在德国的Kaktus Koehres多肉植物大棚中培育出来的杂交品种。选拔出的冬季叶片更红的幼苗，则被命名为 'Red Star'。一般宽约6 cm。

秋丽
Graptosedum 'Francesco Baldi'

由于非常强健且繁殖力很强，在市面上经常看到。图中这株宽约5 cm。类似的杂交品种还有很多。

光轮
Graptosedum 'Gloria'

"Gloria" 是 "光轮" 的意思。小型的 "葡萄" 和长茎的 "黄丽" 的杂交品种，单株宽约2 cm。

伽蓝菜属

Kalanchoe

DATA

科　名	景天科
原产地	马达加斯加、南非
生长型	夏型
浇　水	春季和秋季1周1次，夏季2周1次，冬季断水
根　部	粗根型，细根型
难易度	★★☆☆☆

以马达加斯加为中心，分布有120多个种，是形态丰富多变的景天科家族。叶片的形状和颜色都非常有个性，除了可观赏叶色微妙变化的种类外，还有叶片前端能长出子株的种类，以及花朵很美的种类等。

生长期是春季至秋季，属于夏型。很多种类在室外淋雨也不影响生长，所以算是容易栽培的一个属。

虽然景天科植物相比较来讲耐寒的种类居多，但伽蓝菜属却不太耐寒。冬季休眠期需断水，移至室内日照较好之处管理。在室外栽培的，即使是大型种，秋季时也要移至室内或温室内。温度低于5℃时，生长状态会变差，甚至会枯萎。

夏季一定要在通风良好处培育。用叶插法或枝插法就能简单地繁殖。用叶插法的话，需放在背阴处管理。属于每天光照时间短于其临界日长才会长出花芽的短日照植物。

大叶落地生根锦
Kalanchoe daigremontiana f. variegata

叶片上有黑紫色斑点，叶片边缘长有红色的小叶芽，十分强健，栽培和繁殖都很容易。如果日照不足，叶片的红色会不明显，需特别注意。

福兔耳
Kalanchoe eriophylla

别名为"白雪姬"。叶片和茎部都被白色的绒毛覆盖。虽然不会长高，但会侧生分枝形成群生。花是粉色的。冬季管理时温度不要低于5℃。

花叶圆贝草
Kalanchoe farinacea f. *variegata*

椭圆形叶片对生排列，叶片上有白色斑纹。会开出直立向上的筒状红花。植株若长得过高，可以修剪一下使其继续生长。

雷鸟/掌上珠
Kalanchoe gastonis-bonnieri

叶片表面带有美丽花纹的伽蓝菜属植物。如果仔细观察，会发现它与羽叶落地生根（*Kalanchoe pinnata*）一样，叶片边缘会增生不定芽。

紫武藏
Kalanchoe humilis

有着美丽的天然花纹的小型种。茎部很短，但会横向扩大形成群生。一般宽约 5 cm。

朱莲
Kalanchoe longiflora var. *coccinea*

叶片带有红色是其特征。如果持续生长，植株茎部会直立并长出分枝。如果日照不足，叶片会变成绿色的，所以要特别注意。

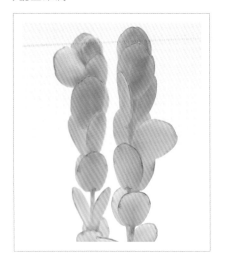

▌白姬之舞
▌*Kalanchoe marnieriana*

直线状向上延伸生长的茎上，圆形叶片互生排列，叶片镶着鲜艳的红边。用枝插法就能简单繁殖。

▌干兔耳
▌*Kalanchoe millotii*

原产于马达加斯加。淡绿色的叶片上覆盖着绒毛。叶片边缘有细小的锯齿是其特征，属于比较流行的小型伽蓝菜属植物。

▌仙人之舞
▌*Kalanchoe orgyalis*

椭圆形的褐色叶片是其特征，叶片表面被天鹅绒般的细微绒毛所覆盖。生长速度很慢，如果长期栽培，茎部会木质化而长成灌木状。花是黄色的。

▌白银之舞
▌*Kalanchoe pumila*

仿佛被撒了白粉一般的美丽银叶是其魅力所在，叶片边缘有细小的锯齿。在温暖地区可以直接在室外过冬，盛夏时需进行遮光管理。

扇雀
Kalanchoe rhombopilosa

原产于马达加斯加的小型种，高约15 cm。前端呈波浪状的银色叶片带有褐色斑点。春季时会开出黄色的花朵。

唐印锦
Kalanchoe thyrsiflora f. variegata

表面带有白粉的叶片非常美丽。是"唐印"的斑锦株。绿色、黄色和红色三种颜色的组合非常美丽。冬季温度要维持在0 ℃以上。

月兔耳
Kalanchoe tomentosa

细长的叶片被天鹅绒般的绒毛密密麻麻地覆盖着，好像兔子的耳朵一般。叶片边缘有黑色斑点也是其特征之一。酷暑期最好移至半阴处管理。

黑兔耳
Kalanchoe tomentosa f. nigromarginatus 'Kurotoji'

近年日本从原产地马达加斯加引进了"月兔耳"系列的新杂交品种，丰富了伽蓝菜属的种类，"黑兔耳"也是其中一种。一般宽约30 cm。

瓦松属
Orostachys

DATA

科　　名	景天科
原 产 地	日本、中国等
生 长 型	夏型
浇　　水	春季至秋季1周1次，冬季1个月1次
根　　部	细根型
难 易 度	★★☆☆☆

　　与景天属近缘。原产于日本、中国、俄罗斯、蒙古、哈萨克斯坦等地，约有15个已知原始种。另外还有很多通过杂交而得的栽培品种。也有一些种类在日本被当作山野草种植。

　　小巧可爱的莲座状叶盘是其魅力所在。特别是在日本很早之前就开始培育的"玄海岩"（*Orostachys iwarenge*）的斑锦品种，比如"富士""凤凰""金星"等，都非常美丽，在全世界都非常有人气。晚秋时节，会从莲座状叶盘中央长出花茎，开出许多花朵。花朵盛放后植株就会枯萎。

　　属于夏型多肉植物，从春季至秋季都是其生长期，夏季放置在半阴处更佳，保持通风和凉爽非常重要。很多种类都比较耐寒，冬季可在室外栽培。

　　繁殖力非常强，有时走茎前端会长出子株，把子株切下来就能简单繁殖。很容易长成群生株。

▍子持莲华
Orostachys boehmeri

原产于日本北海道和青森的瓦松属植物，小小的莲座叶盘会长出走茎，并在前端长出子株。会从莲座状叶盘中心长出花茎，开出白色花朵。

▍子持莲华锦
Orostachys boehmeri f. variegata

"子持莲华"的斑锦株，带着美丽的黄色覆轮斑。冬季会呈现出叶片向内卷缩起来的独特姿态，春季时则会像图中一样向外展开。一般宽约2cm。

晚红瓦松锦 / 爪莲华锦
Orostachys japonica f.variegata

原产于日本关东以西地区、朝鲜半岛、中国，比"晚红瓦松"多了黄色斑纹。图中是夏季的样子，秋季开始会逐渐枯萎，仅留下中心的小叶片。一般宽约4 cm。

富士
Orostachys iwarenge 'Fuji'

"玄海岩"的白色覆轮斑品种。盛夏时尽量放在凉爽处管理。开花之后植株就会枯萎，可培育旁边长出的越冬芽。一般宽约6 cm。

凤凰
Orostachys iwarenge 'Houou'

"玄海岩"的黄色中斑品种。斑纹颜色比较淡，样子很美丽。栽培方法与"富士"相同。

金星
Orostachys iwarenge 'Kinboshi'

"玄海岩"的黄色覆轮斑品种。比较小型，一般宽约5 cm。栽培方法与"富士"相同。

厚叶莲属
Pachyphytum

DATA

科　　名	景天科
原 产 地	墨西哥
生 长 型	夏型
浇　　水	春季至秋季2周1次，冬季1个月1次
根　　部	细根型
难 易 度	★☆☆☆☆

　　厚叶莲属植物有着淡色调的肥厚叶片，非常有人气。虽然是夏型多肉植物，但是盛夏时生长却很慢，因此需控制浇水量，并放置在半阴处管理。叶片覆有白粉的种类，浇水时要注意不要直接淋在叶片上。换盆的合适时间是春季或秋季。根很容易横向蔓延，所以每1~2年要换土一次。可使用叶插法或枝插法繁殖。

▍千代田松
▍*Pachyphytum compactum*

短茎上紧密地排列着小巧的肥厚叶片。每个叶片长约1 cm。莲座状叶盘直径约2.5 cm，很容易长出分枝形成群生。花是红色的。

▍星美人锦
▍*Pachyphytum oviferum f. variegata*

"星美人"的斑锦株中斑纹长得美的不多见，但图中这株却非常美丽。植株会随着生长长高，并从植株基部长出子株形成群生。图中这株宽约5 cm。

▍维莱德
▍*Pachyphytum viride*

短茎上棒状的长叶片呈放射状生长。个别叶片的长度可达约10 cm。它的花堪称厚叶莲属中最美的。

沃得曼尼
Pachyphytum werdermannii

短茎的前端长着被白粉包裹着的灰绿色的叶片。单个叶片长约4 cm。

金纳吉
Pachyphytum 'Kimnachii'

以发现者Myron Kimnach（迈伦·金纳吉）的名字来命名的品种。叶片并非如"维莱德"般呈棒状，而是扁平的。单枚叶片长约8 cm。

瓦莲属
Rosularia

DATA

科　名	景天科
原产地	北非至亚洲内陆
生长型	冬型
浇　水	秋季至春季2周1次，夏季1个月1次
根　部	细根型
难易度	★★☆☆☆

　　从北非到亚洲内陆约有40个小型原始种，繁殖力很强，经常形成群生。生长型为冬型。体质强健，但因为不耐暑热，因此夏季需放置在背阴处，断水管理并保持环境凉爽。与长生草属很相似，栽培上的注意事项也差不多。

卵叶瓦莲
Rosularia platyphylla

原产于喜马拉雅山一带，叶片上长着许多小小的绒毛。若日照充足叶片就会变成赤红色。图中这株是生长期时的样子，夏季保持干燥时叶片会闭合呈球状。单株一般宽约5 cm。

景天属
Sedum

DATA

科　　名	景天科
原 产 地	南非等
生 长 型	夏型
浇　　水	春季和秋季1周1次，夏季2周1次，冬季1个月1次
根　　部	细根型
难 易 度	★☆☆☆☆

在全世界遍布着约600个种的大属，其中大部分都拥有肉质的叶片。耐寒性、耐暑性都极佳的种类有很多，非常容易栽培，也很流行，有的种类甚至可以用于屋顶绿化，实在是非常强健。

种类丰富，有叶片呈莲座状排列展开的种类，也有叶片圆鼓鼓的种类，还有叶片很小的群生的种类等，形态多样、变化多端，是混栽时不可缺少的重要素材。

基本上都比较喜欢日照，但是不太耐受盛夏时的阳光直射，所以需放置在明亮凉爽的背阴处管理。几乎每一种耐寒性都很好，即使冬季接近0 ℃时也依然可以安然过冬。生长期为春季至秋季，但是盛夏时要控制浇水量。特别是群生株，要格外注意闷热潮湿的问题，需放置在通风良好处。换盆的合适时间是春季或秋季。最好在秋季以枝插法进行繁殖。

▌铭月 / 黄丽
Sedum adolphii

具有光泽感的黄绿色叶片连缀生长，植株慢慢地直立，然后分枝。秋季日照充足的话整株都会带上红色。相对来讲比较抗寒，冬季可在室外过冬。

▌白厚叶弁庆
Sedum allantoides

长着带有白粉的棒状叶片，属于小型的景天属植物。原产于墨西哥，长成较大植株时会生出分枝呈小树状。

▌八千代
Sedum corynephyllum

长长的茎部向上延伸，上端长有许多小小的叶片。黄绿色的叶片圆滚滚的，前端透着稍许红色。

▌玉缀 / 玉珠帘
Sedum morganianum

持续生长的话会向下垂落，适用于悬挂装饰。也有比图中这株株型更大的，被称为"大玉缀"。单串枝条一般宽约3 cm。

▌新玉缀
Sedum burrito

比"玉缀"株型更小，单串枝条一般宽约2 cm。生长速度也较慢。叶片容易脱落，在换盆时需格外小心。

▌姬星美人
Sedum dasyphyllum

常见的"姬星美人"基本种是"姬星美人"系列中最小型的，冬季会红叶化（见p.81）而叶片变成紫色的。与厚叶莲属的"星美人"比较像，但株型更小，所以有了这个名字。

大型姬星美人
Sedum dasyphyllum f. burnatii

长了许多卵形小叶片的小型景天属植物，在"姬星美人"系列中算是较大型的。冬季时叶片会染上紫色。非常耐寒，冬季可在室外过冬。

宝珠扇 / 达摩宝珠
Sedum dendroideum

拥有形状独特的嫩绿色叶片，茎部直立生长的同时会长出分枝。可以耐受夏季的高温多湿，因此培育起来很容易，管理也很轻松。

玉莲 / 群毛豆
Sedum furfuraceum

呈灌木状生长，深绿色至深紫色渐变的卵形叶片上带有白色花纹。花是白色的。生长速度虽然缓慢，但是用叶插法很容易繁殖。

绿龟之卵
Sedum hernandezii

深绿色的卵形叶片是其特征，叶片表面有龟裂般的痕迹，质感粗糙。茎部直立向上生长，若日照不足或给水过多会导致徒长，需特别注意。

信东尼
Sedum hintonii

叶片上长满白毛，花茎可伸长至20 cm以上是其特征。同属中还有长得很像的"猫毛信东尼"（*Sedum mocinianum*），但是白毛比较短，花茎也不会伸长。

塞浦路斯景天
Sedum microstachyum

原产于地中海地区的塞浦路斯岛，是高山性的景天属植物。虽然可以耐受−15 ℃的低温，但在日本关东地区，冬季也会有叶片冻伤的情况发生。一般宽约5 cm。

乙女心
Sedum pachyphyllum

生长期为夏季，日照不足的话会造成叶片红色显色不佳。要断肥并减少给水，才能养出鲜艳的颜色。

虹之玉
Sedum rubrotinctum

卵形叶片连缀生长。一般来讲在夏季的生长期叶片是鲜绿色的，但从秋季到冬季则会变成赤红色的。长至成株后，春季会伸出花茎，开出黄色的花朵。

虹之玉锦

Sedum rubrotinctum 'Aurora'

"虹之玉"的斑锦品种，叶片淡绿色和桃红色交杂，春季和秋季的干燥期红色会加深。长至成株后，春季会开出奶油色的花朵。

木樨景天

Sedum suaveolens

虽然属于景天属，但却有着如石莲花属般的莲座状的外形。茎部不会长高，会从植株基部长出子株。

景天石莲属

Sedeveria

DATA

科名	景天科
原产地	杂交而得
生长型	夏型
浇水	春季至秋季2周1次，冬季1个月1次
根部	细根型
难易度	▲ ☆ ☆ ☆ ☆

　　景天属和石莲花属的属间杂交品种，被归类于景天石莲属。有很多种类叶片比石莲花属的更厚，也有着莲座状的叶盘。在稍显难栽培的石莲花属中加入了景天属强健的特性，兼具了石莲花属的美丽与景天属的强壮，已培育出来许多容易栽培的品种。

蓝色天使

Sedeveria 'Fanfare'

叶片呈莲座状排列，茎部稍向上伸长。若日照不足会导致徒长，所以保证充足的日照是非常重要的。杂交亲本不详。

树冰
Sedeveria 'Soft Rime'

小型的景天石莲属植物，茎部很快就会向上长高至约10 cm。冬季会红叶化（见p.81）而叶片变成粉色的。在日本以"树冰"（Sliver Frost）的俗名在市面上流通，但这个俗名的来历不明。

未命名
Sedeveria 'Soft Rime' × *Sedum morganianum*

在日本培育出的品种，由"树冰"和景天属的"玉缀"杂交而得。叶片发白，叶片前端有红色的爪形叶尖。一般宽约3 cm。

静夜缀锦
Sedeveria 'Super Burro's Tail'

"静夜缀"的斑锦品种。与"静夜玉缀"（*Sedeveria* 'Harry Butterfield'）很像，但图中这株更大一些，茎部更粗一些，还有个特征是不容易向旁边倾倒。一般宽约6 cm。

胡美丽
Sedeveria 'Yellow Humbert'

拥有长1~2 cm的纺锤形肉质叶片的杂交品种。是小型的强健的品种，可养至高10~15 cm。春季时会开出直径约1 cm的黄色花朵。

长生草属
Sempervivum

DATA

科　　名	景天科
原 产 地	欧洲中南部山区等
生 长 型	冬型
浇　　水	秋季至春季1周1次，夏季1个月1次
根　　部	细根型
难 易 度	★★☆☆☆

　　主要分布于欧洲中南部山区的莲座状多肉植物，约有40个已知种。一直以来在欧洲很受欢迎，有许多仅收藏本属植物的多肉玩家。因为杂交容易，所以已培育出很多栽培品种，从小型种到大型种均有，色彩和形状都非常丰富而有趣。在日本也被当作山野草流通。

　　在日本被当作冬型种管理。由于原生于气温较低的山区，非常耐寒，即使在寒冷地带，也能一整年都在室外栽培。秋季至春季，需在日照和通风都较好的场所管理。相反地，不耐暑热，夏季需移至凉爽的背阴处，控制浇水使其休眠。

　　最佳换盆时间是初春，因为会从走茎长出子株，所以最好种在直径较大的盆中。把子株切下种植，就可以简单地繁殖。

卷绢
Sempervivum arachnoideum

长生草属的代表种。持续生长的话，叶片前端会长出白丝覆盖植株整体。耐寒性自不必说，耐暑性也很强，很容易栽培，即使是新手也不用太担心。

玉光
Sempervivum arenarium

原产于阿尔卑斯山东部的小型种。叶片上深红色和黄绿色形成鲜明对比，叶片表面被细绒毛覆盖。群生株要特别注意夏季的通风情况。

荣
Sempervivum calcareum 'Monstrosum'

筒状的叶片呈放射状展开，长生草属中的珍贵品种。根据个体不同，有的叶片红色较多，有的则较少。

百惠
Sempervivum ossetiense 'Odeity'

筒状的细长叶片是其特征，叶片上方呈开口状态。植株基部附近会长出小小的子株。

条纹锦
Sempervivum sp. f. *variegate*

原产于日本的颇具日式风情的长生草属植物。叶片表面遍布粉白色斑纹。

观音莲（变种）
Sempervivum tectorum var. *alubum*

目前已知"观音莲"有许多地域性变异的情况，也诞生了诸多改良品种。图中这株是"观音莲"的一个变种，清爽的淡绿色叶片前端点缀着一抹深红色。

▍绫椿
Sempervivum 'Ayatsubaki'

小叶片密生的小型长生草属植物。绿色的叶片前端染上一丝红色，十分美丽。持续生长的话，会从植株基部长出子株形成群生。

▍红莲华
Sempervivum 'Benirenge'

叶片前端镶着红边的耀眼品种。繁殖力非常强，容易长出子株，很容易栽培。

▍红夕月
Sempervivum 'Commancler'

有着醒目的红铜色叶片的美丽品种，冬季叶片的颜色会格外鲜艳。单个莲座状叶盘直径约5 cm，可长出子株形成群生。相对而言比较耐暑热，十分强健。

▍瞪羚
Sempervivum 'Gazelle'

鲜艳的绿色和红色叶片呈莲座状展开，整体都被白色的绒毛所覆盖。不耐高温多湿，所以群生株度夏时要特别注意。

瞪羚（缀化）
Sempervivum 'Gazelle' f. *cristata*

从"瞪羚"实生出的缀化株。由于生长点产生变异后横向扩展，红绿配色的叶片显得十分美丽，颇具观赏价值。管理方法与普通的"瞪羚"一样。

格拉纳达
Sempervivum 'Granada'

在美国培育出的长生草属品种。被绒毛覆盖的叶片整体染上了典雅的紫色，酝酿出如玫瑰盛开般的氛围。

圣女贞德
Sempervivum 'Jeanne d'Arc'

绿褐色的中型长生草属植物，从秋季至冬季中心部分会渐渐变成酒红色。素雅的叶色很适合种在具有复古感的红陶盆里。

朱比莉
Sempervivum 'Jyupilii'

小巧的叶片紧密生长的改良品种。会从植株基部伸出走茎，并在上面长出子株。

▍大红卷绢
Sempervivum 'Ohbenimakiginu'

稍微大型一些的长生草属植物，叶片前端长着白色绒毛是其特征。夏季需避免阳光直射，最好放置于通风较好的明亮的背阴处，并尽量保持凉爽。

▍冰树莓
Sempervivum 'Raspberry Ice'

中型的长生草属植物，叶片上密生着细绒毛。夏季会变成绿色的，但秋季至冬季会染上深紫红色。

▍红酋长
Sempervivum 'Redchief'

紫黑色的叶片紧密重叠，中央部位还点缀着一点鲜绿色。经常会被用作假山盆景中的主装饰物。

▍丽人杯
Sempervivum 'Reijinhai'

小型莲座状叶盘密集群生的栽培品种。叶片前端染上的明亮颜色相当鲜艳抢眼。

银融雪
Sempervivum 'Silver Thaw'

浑圆的莲座状叶盘是其特征，小巧的个体连缀排列，样子非常可爱的长生草属植物。直径约3 cm。

调皮鬼
Sempervivum 'Sprite'

亮绿色叶盘上覆盖着细细的白色绒毛的改良品种。会长出走茎并长出子株，形成群生。

石莲属
Sinocrassula

DATA

科　　名	景天科
原 产 地	中国
生 长 型	春秋型
浇　　水	春季和秋季1周1次，夏季和冬季1个月1次
根　　部	细根型
难 易 度	★★☆☆☆

原产于中国云南省至喜马拉雅山一带，有5~6个已知种，与景天属近缘。虽然比较为人熟知的是"云南石莲"，但其他如"立田凤"（*Sinocrassula densirosulata*）、"折鹤"（*Sinocrassula orcuttii*）等拥有漂亮的橙色或紫色叶片的种类，也很值得玩赏。因为是很强健的多肉植物，既耐寒又耐热，因此四季都可健康生长。

云南石莲 / 四马路
Sinocrassula yunnanensis

原产于中国的多肉植物，长约1 cm的暗绿色细长叶片呈放射状生长，样子独特。比较耐暑热，夏季在温室中也能安然度过。用叶插法即可简单繁殖。

PART 5

大戟科

　　大戟科植物分布于热带至温带地区，约有2 000个已知种，在日本约有20个原始种。被当作多肉植物栽培的有400~500种，大多原产于非洲。大部分种类茎部肥大，长着如同仙人掌一般的外形，但是与仙人掌没有任何类缘关系。

大戟属
Euphorbia

DATA

科　　名	大戟科
原产地	非洲大陆、马达加斯加等
生长型	夏型
浇　　水	春季至秋季1周1次，冬季1个月1次
根　　部	细根型
难易度	★☆☆☆☆

全球的热带至温带地区分布有约2 000个已知种，日本原产的野漆（*Euphorbia adenochlora*）和圣诞节必不可少的一品红（*Euphorbia pulcherrima*）都属于大戟属。

被当作多肉植物玩赏的大多原产于非洲，有400~500种。独特的外形非常有魅力，这也是适应环境进化的结果。有与球状仙人掌很像的"晃玉"和"铁甲丸"，与柱状仙人掌很像的"红彩阁"，以及花朵很美丽的花麒麟类等，种类丰富，形态各异。

生长性质大致相同，生长期为春季至秋季，属于夏型，喜欢高温强光。夏季要在室外栽培。不太耐寒，冬季室内温度需保持在5 ℃以上。春季至秋季的生长期，要保证盆土完全干燥之后再充分浇水。

因为根系虚弱，要避免频繁换盆。可用枝插法繁殖。切口处会流出乳状汁液，用手触碰的话可能会引发炎症，因此需特别注意。

铜绿麒麟
Euphorbia aeruginosa

原产于南非。青瓷色的茎枝上有红色的锐刺，非常醒目。若日照充足，植株会长得更好，外形也会更美。会开出黄色的小花。

铁甲丸
Euphorbia bupleurfolia

外形犹如凤梨般。球状茎干的凹凸是落叶留下的痕迹。属于大戟属里非常喜水的种。

棒麒麟
Euphorbia clavigera

原产于非洲东南部的莫桑比克。茎枝上有花纹，非常美丽。植株基部非常发达，会形成肥大的块状。与恒持麒麟很相似，有一种意见认为，两者为同种。

筒叶麒麟
Euphorbia cylindrifolia

植株基部变肥大呈块状，属于花麒麟类，原产于马达加斯加。横向生长的茎上长着小小的叶片，会开出略带褐色的粉色小花。

皱叶麒麟
Euphorbia decaryi

原产于马达加斯加。植株基部变肥大呈块状，属于小型花麒麟类。叶片皱缩是其特征，栽培起来比较容易。可以通过分株进行繁殖。

蓬莱岛
Euphorbia decidua

原产于非洲西南部的安哥拉。植株基部变肥大呈球状，会从生长点向四面八方伸出细枝，枝上长着长约3 mm的小刺。

▌红彩阁
Euphorbia enopla

与柱状仙人掌样子相似，长着尖锐的长刺。日照充足的话，刺的红色会越发亮眼美丽。非常强健，容易栽培，很适合入门爱好者。

▌孔雀丸
Euphorbia flanaganii

原产于南非开普省。会从中央块状的茎干呈放射状长出侧枝。侧枝上会长出小叶片，但很快就会掉落下来。会开出黄色的小花。

▌金轮祭
Euphorbia gorgonis

原产于南非东开普省。粗粗的球状茎干十分肥大，呈放射状伸出的茎枝前端长有小小的叶片。是非常耐寒的大戟属植物。

▌绿威麒麟
Euphorbia greemwayii

原产于非洲东南部的坦桑尼亚。有多种不同类型，图中这株是其中比较漂亮的类型。花朵细小，带有红色。图中这株高约25 cm。

旋风麒麟
Euphorbia groenewaldii

原产于南非，植株基部会变肥大呈块状，分枝呈放射状伸展。分枝上有刺。

裸萼大戟锦
Euphorbia gymnocalycioides f. variegata

原产于埃塞俄比亚。与仙人掌中的裸萼球属很相似，因此被命名为"裸萼大戟"。图中的斑锦株属于少见的黄色斑块的斑锦类型，被嫁接在"彩云阁"（*Euphorbia trigona*）上。

魁伟玉
Euphorbia horrida

生长于南非南部的干燥岩石地带，有很多类型。图中这株是特别白的类型，株型小巧且颜色漂亮，因此很有人气。夏季会开出紫色的小花。

魁伟玉（石化）
Euphorbia horrida f. monstrosa

"魁伟玉"的石化株。石化是指生长点不是只有一个，而是有多个，形成瘤状突起，与缀化是不同的。

白化帝锦
Euphorbia lactea 'White Ghost'

"帝锦"的白化品种。新芽呈美丽的粉色，不久茎枝表面就会几乎全部变成白色的。高约1 m。很强健，冬季可在3~5 ℃的室内健康生长。

白银珊瑚 / 翡翠木
Euphorbia leucodendron

原产于非洲南部至东部，以及马达加斯加。茎枝呈细圆柱状，没有刺，生出分枝后向上延伸，春季时会在分枝前端开出小花。

白银珊瑚（缀化）
Euphorbia leucodendron f. *cristata*

"白银珊瑚"的缀化株。有时也会因返祖现象而长出细长的枝条，可以把细枝切掉，让缀化部分继续生长。图中这株宽约10 cm。

白桦麒麟锦
Euphorbia mammillaris f. *variegata*

原产于南非的"白桦麒麟"色素消退，变成了偏白色的斑锦株，秋季至冬季会染上淡紫色。冬季时要移至室内管理。

多宝塔
Euphorbia melanohydrata

原产于南非的稀少种，图中这株高约10 cm。生长速度非常缓慢，据说与40年前相比样子也没有什么改变。冬季要控制浇水量。

怒龙头
Euphorbia micracantha

原产于南非东开普省。肉质的茎枝和上面的刺都很有魅力。属于块茎多肉植物，图中这株还没完全长大，若持续生长，块茎可长至粗约10 cm、长约40 cm。

铁海棠
Euphorbia milii

原产于马达加斯加，是还没进化到肉质化的大戟属植物，花朵很美且花色多样，故有人把它当作盆花销售。持续生长的话可长至高50 cm。

晃玉
Euphorbia obesa

很像圆滚滚的球状仙人掌，球体上有美丽的横条花纹。纵向的棱上会长出小小的子株，摘下子株就能进行繁殖。

瓶干麒麟
Euphorbia pachypodioides

原产于马达加斯加的稀少种。粗壮的茎干向上生长，顶端会长出较大型的叶片，茎干上有细刺。图中这株高约20 cm。

恒持麒麟
Euphorbia persistens

原产于非洲东南部的莫桑比克，地面下长着粗茎，地面上伸出许多分枝，分枝表皮是绿色的，带有深绿色的花纹。图中这株高约15 cm。

贝信麒麟
Euphorbia poisonii

原产于尼日利亚。粗壮的茎干顶端长着鲜绿色的肉质叶片。会从叶腋处长出侧芽，切除时注意手不要触碰到流出的汁液。高约30 cm。

春驹
Euphorbia pseudocactus 'Lyttoniana'

原产于南非。长得几乎与柱状仙人掌一样，茎干上几乎无刺，长出许多分枝。适度修剪分枝，就可以保持好看的外形。高约25 cm。

笹蟹丸
Euphorbia pulvinata

会从植株基部长出许多粗大茎枝形成群生，并长出许多叶片。叶片长时间也不会脱落。据说是杂交而得，但是杂交亲本不详。图中这株高约20 cm。

四体大戟
Euphorbia quartziticola

原产于马达加斯加。一年大约只会长5 mm。入秋之后会落叶。图中这株高约8 cm。要在日照较好的场所培育，冬季需控制浇水量。

皱花麒麟
Euphorbia rugosiflora

分布于津巴布韦的砂砾地带，呈细长长柱状的大戟属植物。茎上长了许多刺，靠近地面的部分经常分叉，形成群生。

斗牛角
Euphorbia schoenlandii

原产于南非，很粗的刺是其特征。类似的种还有"欢喜天"（*Euphorbia fasciculata*），相对来讲本种刺更硬，茎干可以长成粗圆柱状。

▍奇怪岛
▍Euphorbia squarrosa

原产于南非东开普省。植株基部变肥大呈芜菁状，顶部呈放射状伸出扭曲的茎枝。会开出小小的黄色花朵。图中这株宽约20 cm。

▍飞龙
▍Euphorbia stellata

原产于南非东开普省。茎干肥大粗壮，顶端会冒出粗粗的茎枝并伸长。根部也会变得又粗又长。冬季需放置在温暖处，并尽量少浇水以安全过冬。

▍银角珊瑚
▍Euphorbia stenoclada

原产于马达加斯加。可长成高1 m以上的大型植株，整体都布满锐刺。图中这株高约40 cm，时不时地修剪一下分枝，就可以维持这样的形态。

▍琉璃晃
▍Euphorbia suzannae

原产于南非开原普省，表面有很多突起的球形大戟属植物。喜日照，若日照不足会导致徒长而无法维持球状形态，需特别注意。

神玉 / 万青玉
Euphorbia symmetrica

原产于南非。与"晃玉"很相似，但是相较之下"晃玉"能纵向长得更高，本种则是横向圆形扩张。图中这株长了很多子株，宽约10 cm。

青珊瑚 / 绿玉树
Euphorbia tirucalli

原产于南非西南部。又被称为"乳葱树"，这是因为若有创口就会流出白色的汁液。生长期枝条前端会长出小叶片，但很快就会脱落。

弁财天
Euphorbia venenata

很早之前就引进日本的原产于纳米比亚的大戟属植物，有棱的茎枝延伸生长，还会长出许多尖刺。据说在原生地可以长到高约3 m。

峨眉山
Euphorbia 'Gabizan'

在日本培育出的杂交品种。喜欢日照和通风都较好的场所，盛夏时的阳光直射会导致叶片晒伤，要特别注意。不耐寒，冬季要移至室内管理。

PART 6

其他多肉植物

　　未收录入PART 1至PART 5的多肉植物会在这里进行介绍。有已存在1亿年以上，至今外形也没什么变化的苏铁属、非洲铁属、泽米铁属和百岁兰属，还有生长期会生出分枝长出叶片、休眠期就落叶的某些块茎多肉植物，以及如绿宝石般的千里光属等，种类丰富，外形多样，各具特色。

苏铁属
Cycas

DATA

科　名	苏铁科
原产地	亚洲、澳大利亚、非洲等
生长型	夏型
浇　水	春季和秋季1周1次，夏季1周2次，冬季2周1次
根　部	细根型
难易度	★★☆☆☆

　　分布于亚洲、澳大利亚、非洲等地，约有20个已知种的裸子植物。日本九州南部有原生的苏铁，日本其他各地也有栽培。肉质的茎部很少分叉，大型苏铁的高度可达15 m，茎的顶端会长出许多如蕨类植物般的羽状复叶。雌雄异株。

苏铁
Cycas revoluta

原产于日本九州南部等地的灌木植物，茎部粗大，顶端长有很多叶片，可长至数米高。在日本关东以西地区被当作庭院植物栽培。

非洲铁属
Encephalartos

DATA

科　名	泽米铁科
原产地	非洲南部
生长型	夏型
浇　水	春季和秋季1周1次，夏季1周2次，冬季2周1次
根　部	细根型
难易度	★★☆☆☆

　　原产于非洲南部，约有30个已知种，也有人把非洲铁属归于苏铁科。树高从数十厘米到数米都有，有的地下有块茎而地面上只有叶子。叶片前端尖锐的种类，在日本大多被归于本属中。冬季时温度需保持在5 ℃以上。

蓝非洲铁
Encephalartos horridus

原产于南非的泽米铁科植物，叶片上覆盖着青白色的细粉，十分美丽。小小的叶片前端尖锐是其特征，长大后每枚叶片会分裂成2~3枚。

泽米铁属
Zamia

DATA

科　　名	泽米铁科
原 产 地	北美洲至中美洲
生 长 型	夏型
浇　　水	春季和秋季1周1次，夏季1周2次，冬季2周1次
根　　部	细根型
难 易 度	★★☆☆☆

　　分布于美洲的热带至温带地区，约有40个已知种。以前被划归为苏铁科，现在被划归为泽米铁科。比苏铁科植物相对小一些，生长速度也较慢，可作为盆栽植物赏玩。因为不耐寒，所以冬季需移至室内管理。

▌鳞枇泽米铁
Zamia furfuracea

原产于墨西哥，又名"南美苏铁"等。块茎粗大，顶端长有叶片。冬季温度维持在5℃以上会比较安全。在日本也曾发现生长于地面上的巨型植株。

百岁兰属
Welwitschia

DATA

科　　名	百岁兰科
原 产 地	非洲南部
生 长 型	春秋型
浇　　水	全年都不能处于干燥状态
根　　部	粗根型
难 易 度	★★★★★

　　生长在非洲的纳米布沙漠中，是一科一属一种的极其珍稀的多肉植物，在日本被命名为"奇想天外"。根部会向地下延伸至很深处，茎部前端会长出一对向外延伸的长长的叶片。生长极其缓慢，但也因此非常长寿，在原生地据说有超过2 000岁的大型植株。

▌百岁兰
Welwitschia mirabilis

生长在非洲的纳米布沙漠中，是一科一属一种的珍稀植物。根部会向地下延伸至很深处，茎部前端终生只会长出2枚叶片。图中这株的叶片已经长约1 m了。

草胡椒属
Peperomia

DATA

科　　名	胡椒科
原 产 地	中美洲、南美洲等
生 长 型	冬型
浇　　水	春季和秋季1周1次，夏季1个月1次，冬季2周1次
根　　部	细根型
难 易 度	★★★☆☆

原产地主要为中美洲和南美洲，是约有1500个已知种的大属，非洲也有少数几个已知种。因为属于胡椒科，所以"*Peperomia*"也有"很像胡椒（pepper）"的意思。

很多种类是附生在森林树木上的小型多肉植物。有一些种类被当作观叶植物玩赏，也有一些叶片肉质肥厚的种类被当作多肉植物栽培。有的种类带有透明的叶窗，有的种类叶片带着红色，株型小巧，特别适合放在窗边欣赏。

茎部前端会伸出长长的花茎，虽然会开出很多花，但花朵都很小，不太适合作为观赏对象。

不耐闷热潮湿，因此要以冬型的方式来管理。夏季要放在通风良好的背阴处，浇水次数也要减少。春季和秋季要放置在室外日照充足之处培育。冬季则要放在室内有阳光之处，温度需保持在5℃以上。可用枝插法进行繁殖。

▍灰背椒草 / 糙叶椒草
Peperomia asperula

原产于秘鲁，群生性草胡椒属植物，植株会向上长高。与"雪椒草"很相似，但株型更大，可长至高约20 cm。

▍塔叶椒草
Peperomia columella

原产于秘鲁，极小型的草胡椒属植物。茎部会直立向上生长，小小的肉质叶片大量重叠生长，样子相当可爱。图中这株高约10 cm。

科克椒草
Peperomia cookiana

原产于夏威夷，长有圆形小叶片的草胡椒属植物。植株长高之后会自然地向一边倾倒，呈灌木状生长。

柳叶椒草
Peperomia ferreyrae

原产于秘鲁，是稍微大型一些的茎部会木质化的草胡椒属植物。特征是叶片细长，可长出许多分枝，可长至高约30 cm。

红背椒草
Peperomia graveolens

原产于秘鲁的草胡椒属植物，叶片背面和茎部都染上了深红色。秋季至春季，若在日照充足的环境中栽培，红色会变得更加美丽。

灰绿椒草
Peperomia incana

原产于巴西的大型草胡椒属植物。茎部粗大，植株较高。叶片会长得又圆又大。图中这株高约30 cm。

斯特劳椒草
Peperomia strawii

从植株基部会长出很多茎形成群生，并长出许多黄绿色的细长叶片。图中这株高约10 cm。

雪椒草
Peperomia nivalis

原产于秘鲁的草胡椒属植物。叶片肥厚呈半透明状，触碰的话会散发出好闻的香味。夏季需放在半阴处管理，冬季需保持温度在5 ℃以上。

白脉椒草
Peperomia tetragona

原产于玻利维亚、厄瓜多尔、秘鲁等安第斯山脉地带，叶片上有线形花纹，是草胡椒属中非常美丽的一种。叶片较大，宽可达5 cm。

红苹果椒草 / 猩红椒草
Peperomia rubella

原产于美国热带地区，小小的叶片背面是红色的，茎部也是红色的，小型草胡椒属植物。会长出许多分枝，可如地毯般蔓延丛生。

细穗椒草
Peperomia leptostachya

分布于非洲至东南亚、波利尼西亚等地。红色的茎
上长着约2 cm长的叶片。茎部柔软，横向延伸。

回欢草属
Anacampseros

DATA

科　　名	马齿苋科
原 产 地	南非
生 长 型	春秋型
浇　　水	春季和秋季1周1次，夏季和冬季3周1次
根　　部	细根型
难 易 度	★★★☆☆

　　马齿苋科的多肉植物，大部分是小型种，
生长速度较慢。相对而言较耐寒也较耐暑，但
是不太适应夏季潮湿的环境。夏季特别要注意
通风，这是栽培关键。除了盛夏和寒冬，其他
时间可等盆土完全干燥后足量浇水。

林伯群蚕
Anacampseros subnuda ssp. *lubbersii*

一团团直径约5 cm的球形叶片群堆叠在一起，仿佛
葡萄串一般。夏季时花茎会伸长，开出粉色的花朵。
可以自然地开花及结出种子，有时掉落的种子可以
直接发芽。

吹雪之松锦
Anacampseros rufescens f. *variegata*

艳粉色和黄绿色的渐变非常美丽。叶片之间会长出
绒毛是其特征。以前流通的植株斑纹比较暗淡，图
中这株的斑纹就很鲜亮。一般宽约3 cm。

马齿苋树属
Portulacaria

DATA

科　　名	马齿苋科
原 产 地	全球的热带至温带地区
生 长 型	夏型
浇　　水	春季至秋季1周1次，冬季1个月1次
根　　部	细根型
难 易 度	★★☆☆☆

　　长着表面有光泽的圆形小叶片，是样子十分可爱的多肉植物。生长型为夏型。有耐暑性，春季至秋季需放置在室外日照较好的地方管理。相反地，耐寒性较差，冬季需移至室内。春季可以剪掉枝条进行枝插法繁殖。换盆最好也在春季进行。

▌雅乐之舞
Portulacaria afra var. *variegata*

镶有粉边的淡绿色叶片密生。进入气温下降的秋季时，会发生红叶化（见p.81）而叶片红色加深。只需在酷暑期进行遮光管理即可顺利成长。

蜡苋树属
Ceraria

DATA

科　　名	马齿苋科
原 产 地	南非至纳米比亚
生 长 型	夏型
浇　　水	春季至秋季1周1次，冬季1个月1次
根　　部	细根型
难 易 度	★★★☆☆

　　原产于南非至纳米比亚，约有10个已知种，有的是落叶性或半落叶性的灌木植物，有的有延伸生长的细茎且其上长着肉质小叶片，有的有粗大肥厚的块茎。生长型为夏型，大部分栽培起来有难度。

▌白鹿
Ceraria namaquensis

原产于非洲西南部。白色的茎部长着如同豆子一样的小叶片，植株可以长得很高。属于较难栽培的种。大戟属里有一个学名为*Euphorbia namaquensis*（中文名未命名）的种，与"白鹿"的种小名相同。

刺戟木属
Didierea

亚龙木属
Alluaudia

　　这两者都是刺戟木科（Didiereaceae）的灌木植物，属于马达加斯加的特有种。刺戟木属有2个已知种，属于夏型，在高温期生长。亚龙木属有6个已知种，也属于夏型，均比较强健。这2个属都有树木一样的茎干和长长的刺，每年会从刺的根部长出新叶片。

金棒之木 / 马达加斯加龙树
Didierea madagascariensis

银灰色的茎干上，长着细长的绿色叶片和白色的刺，十分珍贵。在原生地，茎干直径可达约40 cm，高可达约6 m。图中这株高约30 cm。

苍岩亚龙木 / 魔针地狱
Alluaudia montagnacii

粗大的茎干上密生着圆叶和长刺。叶片直接从茎干长出来且纵向排列是其特征。与同属的"直立亚龙木"非常像，刺和叶片都排列得非常致密。

直立亚龙木
Alluaudia ascendens

与"苍岩亚龙木"相比，刺更短，叶片比较像心形。在原生地可以长成大树，可当作建材使用。即使入冬也不会落叶。图中这株高约30 cm。

沙漠玫瑰属
Adenium

DATA

科 名	夹竹桃科
原 产 地	阿拉伯半岛至非洲
生 长 型	夏型
浇 水	春季至秋季1周1次，冬季断水
根 部	细根型
难 易 度	★★☆☆☆

　　在阿拉伯半岛、非洲东部、纳米比亚等地分布有约15个已知种，属于大型块茎多肉植物。茎的基部肥大，会开出美丽的花朵，所以也是为人熟知的观花植物。所有种类都是热带性植物，不耐寒，冬季需断水且温度最好保持在10℃以上。

沙漠玫瑰
Adenium obesum var. *multiflorum*

原产于阿拉伯半岛、非洲东部、纳米比亚等地，茎的基部非常肥大。冬季若温度在8℃以下会开始落叶，但只要在5℃以上就能安全过冬。图中这株是比较小型的变种。

吊灯花属
Ceropegia

DATA

科 名	夹竹桃科萝藦亚科（原萝藦科）
原 产 地	南非、亚洲热带地区
生 长 型	春秋型
浇 水	春季和秋季1周1次，夏季和冬季3周1次
根 部	块根型
难 易 度	★★★☆☆

　　大多数都有藤蔓状或棒状的茎部，植株形态则各有千秋。代表种是有着心形叶片的藤蔓状的"爱之蔓"。叶片细长的狭叶吊金钱（*Ceropegia debilis*）也是该属植物。藤蔓状的种类很适合垂吊起来观赏，会非常美丽。生长期为春季和秋季。请在日照和通风都较好的场所进行管理。

爱之蔓
Ceropegia woodii

藤蔓状延伸的茎上长有心形的叶片，可以用吊盆进行种植。冬季要放置在不会被冻伤的场所进行管理。可用枝插法或分株法繁殖，也可用茎上长出的繁殖体（子球）浅埋种植进行繁殖。

剑龙角属

Huernia

DATA

科　　名	夹竹桃科萝藦亚科（原萝藦科）
原 产 地	非洲至阿拉伯半岛
生 长 型	夏型
浇　　水	春季至秋季2周1次，冬季1个月1次
根　　部	细根型
难 易 度	★★☆☆☆

　　原产于南非、埃塞俄比亚至阿拉伯半岛，约有50个已知种。茎部粗大有凹凸不平感，会从茎上直接长出5瓣的肉质花朵。因为会利用苍蝇来传播花粉，因此有的种类会发出不太好的味道。相对而言偏好日照较弱的环境，所以适合在室内栽培。冬季需在室内管理。

蛾角
Huernia brevirostris

原产于南非原开普省。高约5 cm的茎紧密聚生，夏季时会开出5瓣的黄色花朵。花朵表面有许多细小的斑点。

阿修罗
Huernia pillansii

原产于南非，被细刺覆盖的茎高约4 cm。刺很柔软，即使触碰到也不会痛。夏季会开出黄褐色的花朵。

缟马
Huernia zebrina

4~7个棱的柱状茎上不长叶片。会开出直径2~3 cm的五角形花朵。栽培起来不算困难。不太耐日照。

棒锤树属
Pachypodium

DATA

科　名	夹竹桃科
原产地	马达加斯加、非洲大陆
生长型	夏型
浇　水	春季至秋季2周1次，冬季断水
根　部	细根型
难易度	★★☆☆☆

拥有肥大茎部的块茎多肉植物的代表。在马达加斯加和非洲大陆约有25个已知种，其中约20种原产于马达加斯加。据说在原生地，茎部粗壮的种类可以长到10 m高。

肉质的茎部被许多刺所覆盖。有茎部纵向伸长的大型植株的种类，也有茎部圆滚滚的种类，形态多样，非常有趣。花也很美，会开出红色或黄色的花朵。

春季至秋季为生长期。生长期要在日照较好的室外管理。通风良好是非常重要的栽培条件。"惠比须笑"等不耐热的种类，要放在凉爽之处管理。冬季要放在室内并且断水管理。需注意温度不能低于5 ℃。特别是那些不耐寒的种类，温度更要保持在10 ℃以上才行。

最佳的换盆时间是春季。虽然可以播种繁殖，但是很多种类不太容易结种子。

巴氏棒锤树 / 红花棒锤树
Pachypodium baronii

原产于马达加斯加。茎的基部比较浑圆的块茎多肉植物。椭圆形的叶片很有光泽，会开出直径约3 cm的红色花朵。图中这株宽约30 cm。

惠比须笑
Pachypodium brevicaule

原产于马达加斯加。块茎呈扁平状，非常有人气。花是柠檬黄色的。不耐寒，所以温度要保持在7 ℃以上。不耐闷热潮湿。图中这株宽约15 cm。

惠比须大黑
Pachypodium densicaule

由"惠比须笑"和比它更强健一些的"筒蝶青"（*Pachypodium horombense*）杂交而得。杂交的目的是培育出更强健的种苗。图中这株宽约20 cm。

亚阿相界
Pachypodium geayi

原产于马达加斯加，叶片细长是其特征。干燥时叶片会掉落，因此生长期需注意不能断水。

非洲霸王树
Pachypodium lamerei

原产于马达加斯加。茎部长了很多刺，顶端的叶片向外展开。与"亚阿相界"比较像，但叶片很宽且背面没有细毛。图中这株宽约80 cm。

非洲霸王树
Pachypodium lamerei

图中这株是"非洲霸王树"的无刺类型，看起来总有点意犹未尽的感觉，但是它的优点是管理起来很容易。

西巴女王玉栉
Pachypodium densiflorum

原产于马达加斯加。茎部多刺，基部很肥大，会长成树木状。在原生地可以长至高约1 m。花是黄色的。图中这株高约30 cm。

光堂
Pachypodium namaquanum

原产于非洲西南部。在原生地可以长成大树，在日本因生长期不稳定，所以栽培极其困难。图中这株高约50 cm。一般来说极少会长出分枝。

象牙宫
Pachypodium rosulatum var. *gracilis*

原产于马达加斯加的"玉锤树"（*Pachypodium rosulatum*）的变种，多刺的肉质茎部向上延伸，可长至高约30 cm。春季会开出黄色花朵。冬季温度要保持在5 ℃以上。

天马空
Pachypodium succulentum

原产于南非。从球状的肥大茎部呈放射状长出细枝，形成非常有趣的树形。图中这株高约40 cm。

凝蹄玉属
Pseudolithos

犀角属
Stapelia

佛头玉属
Larryleachia

这三者都是夹竹桃科萝藦亚科（原萝藦科）的多肉植物。凝蹄玉属分布于非洲东部至阿拉伯半岛一带，约有7个已知种。犀角属的原产地以南非为中心，亚洲和中美洲、南美洲也有分布，约有50个已知种。佛头玉属主要分布在非洲南部，约有10个已知种。

小花凝蹄玉
Pseudolithos harardheranus

原产于索马里。与同属的球形凝蹄玉（*Pseudolithos sphaericus*）很像，但花是从茎基部长出来的，球形凝蹄玉则是从茎中部长出来的。

紫水角
Stapelia olivacea

原产于南非。会从植株基部长出很多茎形成群生，强烈阳光照射下会变成美丽的紫色。会开出直径约4 cm的紫色星形花朵。图中这株高约20 cm。

佛头玉
Larryleachia cactiformis

原产于纳米比亚。与凝蹄玉属植物很相似，不同点是其花朵是在顶端开的。花呈小小的星形，带有条纹。图中这株宽约7 cm。

千里光属
Senecio

DATA

科　　名	菊科
原 产 地	非洲、印度、墨西哥
生 长 型	春秋型
浇　　水	春季至秋季1周1次，冬季3周1次
根　　部	细根型
难 易 度	★★☆☆☆

千里光属遍布全球，有1500～2000个种，是菊科中的大属。常见的"林荫千里光"（*Senecio nemorensis*）和"银叶菊"（*Senecio cineraria*）都是其中一员。其中有几种原产于南非的多肉植物，也有人将其归类于*Curio*属（中文名未命名）。千里光属植物的样子相当多变，有如垂坠状圆球串般的"翡翠珠"，还有叶片如箭头般的"箭叶菊"等，独特的外形别具魅力。

虽然生长期大多在春季和秋季，但耐寒性和耐暑性都颇高，栽培非常容易。根部不喜欢极度干燥，即使在夏季、冬季的休眠期，也不要让根部过度干燥。换盆时也要避免根部过度干燥。通常应放置于日照较好之处，以避免出现徒长现象。繁殖期是春季。会延伸很长的"翡翠珠"等种类，不用剪断长长的藤蔓，直接用土将藤蔓局部埋在盆里，就可以生根了。茎部会延伸变长的种类，也可以用枝插法繁殖。

美空眸 / 蓝月亮
Senecio antandroi

原产于马达加斯加。被白粉覆盖的青色细长叶片密生。若浇水过多，叶片会向外张开而使植株外形美感不足。换盆的合适时间是春季至初夏。

白寿乐
Senecio citriformis

原产于南非。细细的茎呈直线状向上延伸生长，上面长了很多水滴形的叶片。叶片上覆盖着一层薄薄的白粉。使用枝插法即可繁殖。

弗雷利
Senecio fulleri

分布于非洲北部至阿拉伯半岛一带。肉质的叶片上长着长1~1.5 cm的叶片，会开出橙色的花朵。图中这株高约20 cm。

骏鹰
Senecio hallianus 'Hippogriff'

原产于南非。细长的茎上长了许多纺锤形的叶片，是很强健的容易栽培的品种。茎部会长出根，将其剪下种植，很快就会长出幼苗。

银月
Senecio haworthii

原产于南非。被白色绒毛覆盖的纺锤形叶片十分美丽。春季会开出黄色花朵。不耐暑热，需避免阳光直射，放在通风良好的场所保持略干燥的状态培育。

希伯丁吉 / 赫丁千里光
Senecio hebdingi

原产于马达加斯加。会从地面长出数根肉质的茎，是外形奇妙的千里光属植物。茎的前端会长出小叶片。用枝插法或分株法都可以进行繁殖。

箭叶菊/矢尻
Senecio kleiniiformis

原产于南非。叶片形状独特,是非常可爱的中型种。其叶片形状像箭头,也因此而得名。虽然喜光,但是盛夏时还是要放在半阴处,避免阳光直射会更好。

翡翠珠
Senecio rowleyanus

球状叶片连缀向下垂坠生长,非常适合作为吊盆植物栽培。夏季需避免阳光直射,放在背阴处管理会更好。

新月
Senecio scaposus

原产于南非。长了很多被白色绒毛覆盖的棒状叶片。主要在冷凉期生长,但生长期也要避免过度浇水。应在日照、通风都较好的场所栽培。

平叶新月
Senecio scaposus var. *caulescens*

"新月"的变种。叶片宽而扁平,可形成姿态优雅的群生株。栽培方法与"新月"相同。

上弦月 / 万宝
Senecio serpens

原产于南非的小型千里光属植物。可延伸至约10 cm长的短茎上，长有许多覆有白粉的青绿色手指状叶片，可形成群生。图中这株高约10 cm。

大银月
Senecio talonoides

原产于南非。图中这株为"大银月"，比"银月"株型更大，叶片更长，茎部也会长得更长。会开出黄白色的花朵。图中这株高约20 cm。

厚敦菊属
Othonna

DATA

科　　名	菊科
原 产 地	非洲
生 长 型	冬型
浇　　水	秋季至春季1周1次，夏季1个月1次
根　　部	细根型
难 易 度	★★★☆☆

　　以非洲西南部为中心，分布有约40个已知种。其中，茎部会变肥大呈块状的种类最受欢迎。从秋季到冬季，长长的花柄前端会开出花朵。大多数种类夏季会落光叶片进入休眠期，这时要完全断水并放置于凉爽背阴处管理。但是，常见的"黄花新月"（*Othonna capensis*）就没有块状的茎部，夏季也不会落叶。

紫月
Othonna capensis 'Rubby Necklace'

原产于南非。到了红叶化（见p.81）时期叶片会染上红紫色，所以才有了"紫月"这个名字。黄色的花朵非常美丽。在日本关东以西地区可以在室外过冬。叶片长约2 cm。

【其他块茎多肉植物】

薯蓣属
Dioscorea

蒴莲属
Adenia

葡萄瓮属
Cyphostemma

木棉属
Bombax

甘蓝树属
Cussonia

琉桑属
Dorstenia

盖果漆属
Operculicarya

福桂树属
Fouquieria

　　植株基部或茎部肥大的多肉植物被称为"块茎多肉植物"，在欧美被称为"bonsai succulents"，全世界都有栽培。

　　薯蓣属遍布全球，约有600个已知种，是薯蓣科的大属，其中有几种被当作块茎多肉植物来赏玩。蒴莲属是西番莲科的，分布于非洲至东南亚一带，约有100个已知种。葡萄瓮属是葡萄科的，原产于非洲大陆和马达加斯加，约有250个已知种，之前被归类

于白粉藤属（*Cissus*）。木棉属是木棉科的，分布以亚洲热带地区为主，遍及非洲至澳大利亚一带。甘蓝树属是五加科的，分布于非洲中部至马达加斯加，约有20个已知种。琉桑属是桑科的，主要分布于南亚，约有100个已知种。盖果漆属是漆树科的，分布于马达加斯加，约有5个已知种。福桂树属原产于墨西哥，约有10个已知种，是福桂树科的块茎多肉植物。

▍龟甲龙
Dioscorea elephantipes

虽然也有原产于墨西哥的"墨西哥龟甲龙"，但图中这株是原产于非洲的"龟甲龙"。秋季至春季是生长期，会长出叶片。一般宽约20 cm。

▍幻蝶蔓
Adenia glauca

生长于南非岩石较多的疏林草原。春季会从茎部前端伸出细枝，长出掌状5裂的叶片，秋季时开始落叶。冬季温度需保持在8 ℃以上。

刺腺蔓
Adenia spinosa

原产于南非。据说在原生地其块茎直径可达2 m。比"幻蝶蔓"生长速度更慢，会从块茎上长出带刺的藤状细枝。花是黄色的。

柯氏葡萄瓮
Cyphostemma currori

原产于非洲中南部。粗大的茎部前端长着几枚叶片，休眠期会落叶。图中这株虽然高度只有50 cm，但是据说在原生地可以长到粗1.8 m、高7 m。

足球树/龟纹木棉
Bombax ellipticum

木棉属，与猴面包树属等同属于木棉科，以亚洲热带地区为中心广泛分布。从实生苗阶段开始就要反复修剪，以使茎干长成球状。

祖鲁甘蓝树
Cussonia zuluensis

原产于南非。是"八角金盘"（*Fatsia japonica*）的近缘种，有与"八角金盘"很像的掌状叶片。茎的基部肥大，长成老株时会伸出分枝。

臭琉桑
Dorstenia foetida

原产于非洲东部至阿拉伯半岛一带。属于小型多肉植物，在原生地能长到高30~40 cm，在日本就只能长到高约20 cm。夏季会开出形状奇特的花朵。

巨琉桑
Dorstenia gigas

分布在印度洋索科特拉岛的稀少种，在原生地据说可长到高约3 m。不太耐寒，冬季温度需保持在15 ℃以上才比较安全。

列加漆
Operculicarya pachypus

原产于马达加斯加，高约1 m。夏季会从块茎中伸出细枝并长出叶片，秋季会红叶化（见p.81），冬季会落叶。

簇生福桂树
Fouquieria fasciculata

原产于墨西哥南部极狭小地区的稀少种。生长速度非常缓慢，据说树龄有几百年的植株也就几十厘米宽，高度也就几米而已。秋季会红叶化，而且开始落叶。

—— PART 7 ——

栽培基础知识

　　多肉植物总给人一种非常耐旱、生命力很顽强的印象，但若栽培管理不当，也是会枯萎的。栽培管理的重点就在于浇水的方法。必须先了解该种类的特性，然后再根据其特性进行浇水。根据种类不同，有的种类甚至可以3个月都不用浇水。这里会一一介绍栽培的方法、分株换盆的方法，以及播种的方法等。

夏型多肉植物的栽培

夏型多肉植物在春季、夏季和秋季生长，在冬季休眠，热带性多肉植物多属于夏型多肉植物。与一般草本植物的生长模式很相像，因此即使是初次栽培，相对而言也是比较容易的。很多相对来说比较强健的多肉植物，比如仙人掌家族、景天属、伽蓝菜属及部分青锁龙属等，还有园艺中心等地方常见的多肉植物，多属于夏型多肉植物。

虽然是夏型多肉植物，但是也有像景天属里的"虹之玉"及部分芦荟属植物等很耐寒的种类，冬季即使在室外也能安全过冬。同时，也有对日本高温多湿的夏季非常不耐受的种类。

夏型多肉植物

● 阿福花亚科、天门冬科
芦荟属、鲨鱼掌属、龙舌兰属

● 凤梨科
铁兰属、雀舌兰属等

● 仙人掌科
星球属、裸萼球属、乳突球属等

● 番杏科
露子花属等

● 景天科
景天属、厚叶莲属、部分风车莲属、部分青锁龙属、伽蓝菜属、银波木属等

● 大戟科　大戟属

● 其他科
虎尾兰属、马齿苋树属、棒锤树属、剑龙角属、琉桑属等

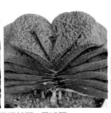

左起，芦荟属、鲨鱼掌属、龙舌兰属、星球属

左起，银波木属、厚叶莲属、景天属、大戟属

基础栽培方法

春季至秋季应保持充足的日照及足够的浇水量,以利于健康生长。低温期会停止生长(休眠),所以冬季要断水,或尽量少浇水。有的种类盛夏时需遮光并保持略微干燥的状态管理,这样会生长更好。

SPRING

春季管理
（3～5月）

保持日照充足。1周浇水1次

大多数种类是春季开始生长。可以放置在日照和通风都较好的屋檐下,让其接受充足的日照。很多仙人掌类植物的开花期是春季。

浇水时,要浇到水从盆底流出的程度才行。下一次浇水则是要等盆土表面干燥2～3天后,盆内彻底干燥后再进行。根据容器大小和放置场所不同可能略有差别,但大体上是1周浇水1次。

基本上不需要施肥,如果要施肥最好在5～7月进行,可以按照规定的倍率稀释液体肥料,1个月施肥1次。

SUMMER

夏季管理
（6～8月）

避免淋雨。避免强烈阳光照射

可以放置在日照和通风都较好的屋檐下。通风不好的话会潮湿腐败,所以要特别注意。不耐暑热的种类,要移至屋子东侧等午后晒不到阳光的地方,也可以利用网纱或草帘来遮光。淋雨的话会影响健康生长,所以要做好避雨措施。

要保证足够的浇水量。若连续晴天要3天浇水1次,不耐暑热的种类则1周浇水1次会更安全些。叶间积水的话会导致腐烂,所以应对着植株基部的土壤浇水。

AUTUMN

秋季管理
（9～11月）

保持日照充足。逐渐拉长浇水间隔

夏季被搬至凉爽的半阴处避暑的植株,可以挪回向阳处享受充足的日照了。浇水的间隔要慢慢拉长,到11月时要维持2周浇水1次的频率。秋季如果浇水过多,冬季寒冷时植物容易被冻伤。

夏季期间长大的植株,可以在这个时期分株,然后换土、修整外形。将植株从盆中拔出,分成合适的大小,重新用新土栽植。种植前要检查一下植株根部是否有小白虫(介壳虫),若有的话要用水仔细冲干净。

WINTER

冬季管理
（12月至翌年2月）

不耐寒的种类需移至室内。尽量少浇水

景天属的"虹之玉"等,有的会染上红色,有的会在这个时期开花,所以虽说是休眠期但也可以好好赏玩。虽然移至室内会比较安心一些,但是比较耐寒的种类放在室外也没太大问题。若在室外过冬,放在北风吹不到的向阳处最为合适。若放在室内,则最好放在没有暖气的地方,如果放在温暖处植株会开始生长而导致徒长。要尽量少浇水,大致1个月1次,让盆土微微潮湿即可。

冬型多肉植物的栽培

冬型多肉植物在秋季、冬季和春季生长，在夏季休眠。原生地大多位于冬季多雨的地中海沿岸、欧洲山地、南非至纳米比亚的高原地区等冷凉地带，不耐受日本夏季的酷暑。生长模式也与一般的草花植物不同，栽培上要特别注意。有生石花属及肉锥花属这样拥有透明叶窗的种类，也有看似枯萎却能长出新叶（脱皮）的种类，大部分都拥有有趣的特质且极具魅力，非常推荐大家栽种。

冬型多肉植物

● 阿福花亚科、天门冬科
须尾草属等

● 番杏科
肉锥花属、虾钳花属、生石花属等

● 景天科
莲花掌属、长生草属、部分青锁龙属等

● 其他科
草胡椒属等

左起，草胡椒属、须尾草属、叠碧玉属、肉锥花属

左起，生石花属、风铃玉属、莲花掌属、长生草属

基础栽培方法

度夏是最大的难题。夏季期间的浇水控制是决定成败的关键点，完全断水是一种方法，但小型的种类如果干燥过度就有可能枯死。一定要避免淋雨。放在通风良好的背阴处，让它们安静地休眠吧。

SPRING

春季管理
（3~5月）

保持日照充足。1周浇水1次

春季是许多种类生长最旺盛的时期，也有的种类会在这个时期开花。冬季放在室内所以日照不足的植株，这时可以挪到室外接受充足的日照了。浇水方面，要浇到水从盆底流出的程度才可以。下一次浇水要等盆土表面干燥2~3天后。根据容器大小和放置场所不同可能会略有差别，但大体上1周浇水1次。

进入5月后，生石花属等表面会出现干枯的情况，开始为脱皮做准备，无须担心，最终干枯的老叶片中心会长出新的叶片。

SUMMER

夏季管理
（6~8月）

避免淋雨。尽量不要浇水，可用喷雾喷水

生石花属或肉锥花属等，夏季浇水的话可能会造成腐烂，最好断水使其休眠。但是，小型植株如果干燥过度就会枯死，所以可以大致1个月1次，用喷雾等方式让盆土表面保持略微湿润的程度即可。莲花掌属等可以大致1个月1次，用喷雾等方式让盆土微微湿润即可。

应注意放置在不会淋到雨的凉爽背阴处。有时会因为雷雨或台风等原因，造成雨水飘进来导致腐烂的情况，所以要特别注意。

AUTUMN

秋季管理
（9~11月）

保持日照充足。1周浇水1次

秋季早晨和傍晚都会变得凉爽一些，可以把原本放在背阴处的植株挪到向阳处，接受充足的日照。同时恢复浇水，浇水方式与春季一样，大致1周1次就可以了。好像干枯了一样的生石花属又会恢复水灵的模样，肉锥花属也会从干枯的皮中长出新的叶片。莲花掌属和长生草属也开始生长。还有会在此时期红叶化（见p.81）的美丽种类。冬型种最适合在秋季施肥，可以按照规定的倍率稀释液体肥料，1个月施肥1次。

WINTER

冬季管理
（12月至翌年2月）

移至室内。1~3周浇水1次

冬季需在室内栽培管理。进入12月之后就要准备移至室内了。放置在室内明亮的窗边，可以的话尽量接受充足日照。要避免靠近暖气或能直接吹到空调热风的位置，一天当中时不时要开窗让新鲜空气流通。夜间温度要保持在5℃以上。虽说是冬型多肉植物，但是在隆冬时节生长也会变慢。浇水也要有所控制。但是，有暖气的房间因为湿度较低，盆土的干燥速度可能会较快，要认真观察后决定合适的浇水方式。

春秋型多肉植物的栽培

春秋型多肉植物在夏季和冬季休眠，只在气候温和的春季和秋季才会生长。原产于夏季也不会太高温的热带或亚热带高原地区的多肉植物，大多是春秋型的。有时会被误认为是夏型多肉植物，但由于夏季的高温很容易伤到植物，所以夏季还是让其休眠更安全。培育方式与夏型多肉植物大致一样，但盛夏时则要与冬型多肉植物一样断水休眠。

春秋型多肉植物

● 阿福花亚科
松塔掌属、十二卷属等

● 景天科
石莲花属、天锦章属、部分青锁龙属等

● 菊科
千里光属

● 其他科
吊灯花属、回欢草属等

左起，回欢草属、松塔掌属、十二卷属、吊灯花属

左起，天锦章属、青锁龙属、石莲花属、千里光属

基础栽培方法

因为讨厌高温多湿的环境，所以夏季让春秋型多肉植物休眠会更安全。在气候凉爽的地区，虽然夏季也可以生长，但是生长高峰期依然是春季和秋季。所以，春季和秋季就要让它好好生长，夏季和冬季让它静静休眠就好。

SPRING

春季管理
（3~5月）

保持日照充足。1周浇水1次

春季很多种类都开始生长。可放在日照和通风都较好的屋檐下，让其接受充分的日照。但是，松塔掌属之类的，即使在原生地也是在岩石的阴面生长的，所以最好放在明亮的半阴处栽培。浇水方面，要浇到水从盆底流出的程度才可以。下一次浇水要等盆土表面干燥2~3天后，根据容器大小和放置场所不同可能略有差别，但大体上1周浇水1次。基本上不需要施肥，若要施肥应在5~7月进行，可以按照规定的倍率稀释液体肥料，1个月施肥1次。

SUMMER

夏季管理
（6~8月）

放置于通风良好的背阴处。不浇水或尽量少浇水

因为不耐暑热，大多数种类都需要断水休眠。但是，松塔掌属之类的若过度干燥，就会从外围较老的叶片开始逐渐枯萎，所以不能像冬型多肉植物那样完全断水。按照大致1个月浇水1次的频率，让盆土微微湿润即可。最好的放置场所是通风良好的不会淋到雨的凉爽背阴处。

AUTUMN

秋季管理
（9~11月）

保持日照充足。1~2周浇水1次

夏季被搬至凉爽背阴处避暑的植株，可以挪回向阳处接受充足的日照了。但是松塔掌属全年都要在明亮的半阴处栽培。

浇水与春季一样，回到1周浇水1次的频率。天气变冷之后要慢慢拉长浇水的间隔，到11月时就应变为2周浇水1次的频率。秋季如果浇水太多，冬季寒冷时植物容易被冻伤。

WINTER

冬季管理
（12月至翌年2月）

不耐寒的种类要移至室内。1个月浇水1次

随着气温下降，生长速度逐渐减缓。耐寒的种类放在室外也没关系，但还是移至室内比较安全。放在日照较好的位置当然比较好，但是因为处于休眠期，所以也不需要过于关注，时不时地打开窗户通风即可。浇水量要适当减少，大致1个月浇水1次的频率就可以，让盆土微微湿润即可。盆土干了也不会有问题。

若放置在室外，最佳位置是北风吹不到的向阳处。

多肉植物的分株换盆

母株应2~3年换盆一次

大多数多肉植物都生长缓慢，不用像草花植物或观叶植物之类的盆栽那样每年换盆。但是，如果一直不换盆，根部生长过盛，夏季就很容易枯死，因此2~3年换盆一次还是应该的。另外，用叶插法得到的幼苗，每年换盆一次的话生长得会更好。

分株繁殖

有的种类会长出子株呈现丛生状，虽然可以任其自然生长，但是植株太大就不好管理了，所以推荐进行分株。

松塔掌属、芦荟属和龙舌兰属等粗根型多肉植物，要注意不要切断根部或者让根部干燥，换盆之后要立刻浇水。

粗根型多肉植物的换盆方法 〈 芦荟的分株 〉

1

这是一株植株生长过于茂盛已经溢出花盆的芦荟，需要进行分株换盆。

2

带土拔出植株后取下子株。尽可能地不要伤到根部。

3

将枯萎的叶片和受伤的根部都切掉，准备栽种在新土中。

4

把处理好的子株分别种在小盆中。种好后立刻浇水。

细根型多肉植物的换盆方法 ⟨ 仙人掌的分株 ⟩

1

这是一盆长出了许多子株正需要换盆的仙人掌。

2

注意不要被刺扎到，用小钳子之类的工具把植株整个拔出。

3

用剪刀把植株剪开。用手拿植株时垫着泡沫塑料片等物，以免被刺扎伤。

4

剥掉根上的旧土，把长长的根剪短。

5

分株完成的仙人掌。植株没有根部也不要紧。可放置约1周让切口完全干燥。

6

切口完全干燥后，栽种在干燥的盆土中。3~4天后再开始浇水。

叶插法繁殖、
枝插法繁殖

石莲花属、景天属、青锁龙属等叶片较小的多肉植物，用叶插法就能简单地繁殖。

叶片较大的多肉植物可以用枝插法繁殖。

多培育一些幼苗用来作为混栽的素材吧。

做法非常简单。

最适合的繁殖时间就是各类多肉植物的生长期。

HOW TO

叶插法

景天属、伽蓝菜属、石莲花属、青锁龙属、天锦章属等，大多数多肉植物的再生能力都很强，一枚小小的叶片就能发芽长成幼苗。稍微花点时间，就能一次性培养出很多幼苗了。

1

做法很简单，只要摘下叶片放在土上，就可以生根发芽，长成幼苗。如果害怕忘了名字，可以插一个小标签在旁边。

2

等幼苗长得够大时就可以移植到盆里。一个盆里可以栽种好几株幼苗。原本拿来繁殖的叶片，如果碍事可以拿掉。

枝插法

以枝插法繁殖时，要等切口完全干燥后再栽种是重点。插穗如果切下来马上就栽种，极易从切口处开始腐烂，请放在通风良好的地方，等根长出来再开始种植。但是莲花掌属和千里光属，切下后要立刻栽种。

1

将带叶枝条剪下作为插穗，保留约1cm长的茎。母株的切口附近以后还会长出新叶。

2

切下的插穗要放在通风良好的地方，等待切口完全干燥。平躺放置的话茎会卷曲，所以要尽可能地直立放置。

3

1~2周后，切口附近会开始生根，此时即可种入盆中。栽培土质选择多肉植物专用类的会更好，但是选普通的草花植物用的也可以。

4

在种入盆中时要小心不要伤到根部。种上之后1周内都不要浇水。

实生繁殖乐趣多

最近非常流行的一种玩赏方式是实生繁殖。所谓"实生"，是指用播种的方式培育幼苗。

看着小小的种子发芽，守护着它一点一点地长大，真的非常有趣。

用不同的种类来进行杂交的话，还有可能培育出自己原创的新品种。

只要花一点功夫就能完成，一点都不难。试着培育出多肉植物的"孩子们"吧。

1

仙人掌的实生苗（播种后约1年）。差不多到了分盆的时候，但是就这样放任其群生也很有趣。

2

生石花属的实生苗（播种后约1年）。只使用一颗果实里的种子，就可以长出许多幼苗。生长速度各不相同。

3

长了3年的生石花属实生苗。各种各样的花纹相映成趣。

利用杂交而得的种子来播种，会长出带有两个亲本特性的后代。左边的是"雪莲"，右边的是"卡罗拉"，最前面的是它们的后代。

杂交方法

　　虽然可以利用昆虫作为媒介，以自然的方式进行授粉结出种子，但是如果想要确保得到种子，或者想和其他种类杂交时，就需要进行人工授粉。

　　若遇到花期不同的情况，可以把花粉放进冰箱冷藏室中保存，这样就可以进行杂交。

1

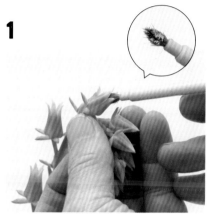

把细头毛笔的笔尖插入父本的花中（最好是刚开放的状态），旋转2~3圈，让笔尖沾上花粉，再插入母本的花中，让花粉沾在雌蕊的顶端。

2

在人工授粉的花上挂上标签，写上父本和母本的名字，再写上人工授粉的日期。

3

授粉成功的话，果实会长大并结出种子。当果实自然裂开种子还未飞散时，用剪刀等工具小心地把挂有标签的果实剪掉。

4

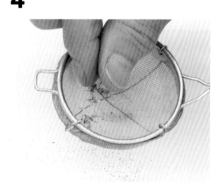

在白纸上切开果实，取出里面的种子。因为种子非常小，可以用茶叶滤网之类网眼足够小的网纱，把种子和花梗等无用物筛选分开。

播种和移植

一取得种子就马上播种，是最基本的要求。

不能立刻播种的种子，要放进冰箱冷藏室中保存。

播种完成的花盆等容器，要放在盛了水的托盘上，以保证其不会干燥。

有时发芽需要接近1年的时间，所以请耐心等待。

1

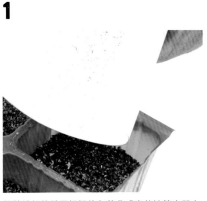

把筛选好的种子轻轻放在花盆或育苗钵等容器中。盆土请使用细细的蛭石等干净的介质。不要忘记附上标签。切记不要用土盖住种子。

2

石莲花属的种子发芽了。长出了1~2mm长的小叶片。幼苗顺利成长之后，几株为一组分别进行移植栽种。

3

移植2~3个月后，待幼苗长大时，几株为一组一起移入盆中。等到生根之后，即可用与母株同样的方式管理。

4

一个盆中只种一株的石莲花属实生苗。颜色和外形都呈现出不同的个性，相当有趣。

INDEX

索引

中文名索引

（基本按照拼音字母顺序排列）

学名索引

（基本按照英文字母顺序排列）

中文名索引

学名索引

多肉植物ハンディ図鑑

© Shufunotomo Co., Ltd. 2015

Originally Published in Japan by Shufunotomo Co.,Ltd.

版权所有，翻印必究

备案号：豫著许可备字－2016－A－0311

图书在版编目（CIP）数据

800种多肉植物原色图鉴 /（日）羽兼直行监修；谭尔玉译. —郑州：
河南科学技术出版社，2023.9

ISBN 978－7－5349－9448－7

Ⅰ.①8… Ⅱ.①羽…②谭… Ⅲ.①多浆植物－图集 Ⅳ.①S682.33－64

中国版本图书馆 CIP 数据核字（2021）第 032701 号

出版发行：河南科学技术出版社

地址：郑州市郑东新区祥盛街27号　　邮编：450016

电话：（0371）65737028　65788613

网址：www.hnstp.cn

策划编辑：李迎辉

责任编辑：李迎辉

责任校对：马晓灿

封面设计：张　伟

责任印制：张艳芳

印　　刷：河南瑞之光印刷股份有限公司

经　　销：全国新华书店

开　　本：890 mm×1240 mm　1/32　印张：8.5　字数：400千字

版　　次：2023年9月第1版　2023年9月第1次印刷

定　　价：69.00 元